Lecture Notes in Mathematics

A collection of informal reports and seminars
Edited by A. Dold, Heidelberg and B. Eckmann, Zürich

Series: Faculté des Sciences d'Orsay
Adviser: J.-P. Kahane

204

Antoni Zygmund
University of Chicago, Chicago, IL / USA

Intégrales Singulières

Springer-Verlag
Berlin · Heidelberg · New York 1971

AMS Subject Classifications (1970): 42 A 40

ISBN 3-540-05491-X Springer-Verlag Berlin · Heidelberg · New York
ISBN 0-387-05491-X Springer-Verlag New York · Heidelberg · Berlin

Offsetdruck: Julius Beltz, Hemsbach.

Le cours a été donné pendant l'année scolaire 1964/65 et a été redigé par les soins de MM. Fiolet Michel et Harzallah Khélifa.

Tables des matières

CHAPITRE I - INTRODUCTION

I.1 - Notations

E_n désignera l'espace euclidien à n dimensions muni des opérations habituelles. La longueur ou norme de $x = (x_1, x_2, \dots, x_n) \in E_n$ sera $|x| = (\sum_{j=1}^{n} x_j^2)^{\frac{1}{2}}$.

Σ désignera la sphère unité: $\Sigma = \{x;\ x \in E_n, |x|=1\}$; si $x \neq 0$, $x' = \frac{x}{|x|} \in \Sigma$.

L'intégrale étendue à l'espace tout entier $\int_{E_n}$ sera simplement notée $\int$.

Pour le calcul de cette intégrale on utilisera souvent la décomposition $dx = \rho^{n-1} d\rho\, dx'$ où $\rho = |x|$ et où dx' désigne l'élément d'aire de Σ.

A un ensemble mesurable de E_n, $|A|$ désigne sa mesure de Lebesgue.

Noyau: K est une fonction positivement homogène de degré α, i.e. $\forall \lambda$ réel positif, $\forall x \in E_n$, $K(\lambda x) = \lambda^{\alpha} K(x)$.

On a en particulier $K(x) = |x|^{\alpha} K(\frac{x}{|x|})$.

La fonction $\Omega(x) = K(\frac{x}{|x|})$ est homogène de degré zéro, donc $\Omega(x) = \Omega(x')$.

Ω s'appelle la *caractéristique* du noyau K.

I.2 - Quelques rappels

a) Condition de Lipschitz-Hölder: on dit qu'une fonction f vérifie une condition de Lipschitz-Hölder d'ordre $\alpha > 0$ s'il existe deux constantes C et δ telles que $|y| < \delta \Longrightarrow |f(x+y) - f(x)| \leq C|y|^{\alpha}$; on écrira alors $f \in \Lambda_{\alpha}$.

b) Espaces L^p

Pour $1 \leq p < \infty$ L^p désigne l'espace des fonctions de puissance p-ième intégrable: $L^p = \{f; \int |f(x)|^p\, dx < \infty\}$. Cet espace est muni de la semi-norme définie par $\| f \|_p = (\int |f(x)|^p\, dx)^{1/p}$; pour $p = \infty$, $L^{\infty} = \{f; \| f \|_{\infty} = \text{ess sup}|f| < \infty\}$ où ess-sup $f = \text{Inf}\{M; |\{x; f(x) > M\}| = 0\}$.

Les L^p sont des espaces vectoriels semi-normés, les espaces normés associés sont des espaces de Banach.

Le dual de L^p est L^q où q est le conjugué de p: $\frac{1}{p} + \frac{1}{q} = 1$ $(1 \leq p < \infty)$.

c) Convolution

Formellement $f * g$ est définie par $(f * g)(x) = \int f(y)g(x-y)dy$; on a alors les résultats:

1) $f \in L^p, 1 \leq p \leq \infty$, $g \in L^1$ alors $f * g \in L^p$ et $\| f * g \|_p \leq \| f \|_p \| g \|_1$

plus généralement:

2) $f \in L^p$, $g \in L^q$ $1 \leq p, q \leq \infty$ et $\frac{1}{r} = \frac{1}{p} + \frac{1}{q} - 1 \geq 0$

alors $f * g \in L^r$ et $\| f * g \|_r \leq \| f \|_p . \| g \|_q$.

I.3 - Position du problème

Beaucoup de transformations en analyse sont de la forme $f \to f * K$ où K est homogène et de degré négatif $(-\alpha)$: $(f * K)(x) = \int f(y) K(x-y)dy$.
Trois cas spéciaux se présentent:

i) $\alpha = n$ l'intégrale est dite singulière. C'est la transformation de Hilbert $f * K = \tilde{f}$

ii) $0 < \alpha < n$ l'intégrale est dite faiblement singulière

iii) $\alpha > n$ l'intégrale est dite ultrasingulière.

Le cas i) est intermédiaire entre ii) et iii); ce sera le seul cas étudié dans ce cours.

On supposera Ω intégrable sur Σ : $\Omega \in L^1(\Sigma)$.

On posera $\tilde{f}_\varepsilon(x) = \int_{|x-y| \geq \varepsilon} f(y)K(x-y)dy$ (1).

I.4 - Lemmes d'existence de $\tilde{f}_\varepsilon$

Lemme A - Si $f \in L^p$ $(1 \leq p < \infty)$, $\Omega \in L^1(\Sigma)$ et ε réel strictement positif fixé, alors l'intégrale (1) converge absolument pour presque tout x.

Preuve: Soit $I(x) = \int_{|x-y| \geq \varepsilon} |f(y)|.|K(x-y)|dy = \int_{|y| \geq \varepsilon} |f(x-y)|.|K(y)|dy$.

Soit D une sphère de E_n, de diamètre δ; la mesure $|D|$ de D est plus petite que δ^n. Posons $\rho = |y|$ et considérons l'intégrale $J = \int_D I(x)d\mathbf{x}$:

$$J = \int_D dx \int_{\substack{\rho \geq \varepsilon \\ y' \varepsilon \Sigma}} |\Omega(y')| \rho^{-n} |f(x-\rho y')| \rho^{n-1} d\rho dy' =$$

$$\int_\Sigma |\Omega(y')| \left[\int_D dx \left(\int_\varepsilon^\infty |f(x-\rho y')| \rho^{-1} d\rho \right) \right] dy'.$$

a) Supposons que $p > 1$

L'inégalité de Hölder donne (q étant le conjugué de p):

$$\left[\int_D dx\left(\int_\varepsilon^\infty |f(x-\rho y')|\rho^{-1}d\rho\right)\right] \leq A_\varepsilon \int_D dx\left(\int_\varepsilon^\infty |f(x-\rho y')|^p d\rho\right)^{1/p} \leq$$

$$A_\varepsilon |D|^{1/q}\left(\int_D dx \int_\varepsilon^\infty |f(x-\rho y')|^p d\rho\right)^{\frac{1}{p}}.$$

En désignant par $\chi(x)$ la fonction caractéristique de D on a

$$\int_D dx \int_\varepsilon^\infty |f(x-\rho y')|^p d\rho \leq \int_{E_n} \chi(x)\left[\int_{-\infty}^\infty |f(x-\rho y')|^p d\rho\right] dx$$

$$= \int_{E^n \times E^1} \chi(x+\rho y')|f(x)|^p dx d\rho = \int_{E^n} |f(x)|^p \left\{\int_{-\infty}^{+\infty} \chi(x+\rho y')d\rho\right\}dx \leq \delta \int_{E^n} |f(x)|^p dx.$$

Alors $J \leq A_\varepsilon\ \delta^{1/q}\ \delta^{1/p}\ \|f\|_p\ \|\Omega\|_1 = A_\varepsilon\ \delta \|\ f\ \|_p\ \|\Omega\|_1$, où

$\|\Omega\|_1 = \int_\Sigma |\Omega(y')|\ dy'$

c'est à dire $\int_D I(x)dx < \infty$. Alors I est finie localement presque partout, donc presque partout.

b) Cas $p = 1$.

Ici $\int_D dx \int_\varepsilon^\infty |f(x-\rho y')| \frac{d\rho}{\rho} \leq \frac{1}{\varepsilon} \int_D dx \int_{-\infty}^{+\infty} |f(x-\rho y')|d\rho \leq \frac{\delta}{\varepsilon} \|f\|_1$

et la démonstration s'achève de la même manière.

<u>Lemme B</u> - Si $f \in L^p$, $1 \leq p < \infty$, Ω borné (et mesurable).

Alors $\forall \varepsilon > 0$ fixé, $\tilde{f}_\varepsilon$ existe partout.

<u>Preuve</u>: en effet $|\Omega(y')| \leq M \Longrightarrow \left|\frac{f(x-y)\Omega(y)}{|y|^n}\right| \leq M \frac{|f(x-y)|}{|y|^n}$

$f \in L^p$ $1 \leq p < \infty$. Soit q le conjugué de p : $1 < q \leq \infty$

alors $\int_{|y|\geq\varepsilon} \frac{|f(x-y)|}{|y|^n} dy \leq \|f\|_p \left(\int_{|y|\geq\varepsilon} \frac{1}{|y|^{nq}} dy\right)^{1/q} < \infty$

et la fonction à intégrer est majorée en module par une fonction intégrable.

<u>I.5 - Transformée de Hilbert tronquée</u>

Elle est définie par (1) pour $f \in L^p$ $(1 \leq p < \infty)$; on peut écrire $\tilde{f}_\varepsilon$

sous la forme $\tilde{f}_\varepsilon = f * K_\varepsilon$ où $K_\varepsilon(x) = \begin{cases} K(x) & \text{si } |x| \geq \varepsilon \\ 0 & \text{si } |x| < \varepsilon \end{cases}$.

La transformée de Hilbert apparait comme limite de $\tilde{f}_\varepsilon$, la limite pouvant être prise pour différentes topologies: limite presque partout, limite en norme dans L^p, limite en mesure, etc. ...

Si F est intégrable dans E_n à l'extérieur de toute sphère centrée en x alors $\int_{|x-y|\geq\varepsilon} F(y)dy$ à un sens; de plus si cette expression a une limite quand ε tend vers zéro, on dira que l'intégrale existe en tant que valeur principale:

$$\lim_{\varepsilon\to 0} \int_{|x-y|\geq\varepsilon} F(y)dy = \text{V.P.} \int F(y)dy \ .$$

I.6 - Généralités

Le problème central réside dans la recherche des conditions d'existence de $\tilde{f}$ et de ses propriétés, en particulier celles préservées par la transformation. On fera, en général, les hypothèses suivantes:

i) $\Omega \in L^1(\Sigma)$

ii) $\int_\Sigma \Omega(x')dx' = 0$.

La condition i) est naturelle; quant à ii) les raisons en seront données un peu plus loin.

Etudions quelques cas:

a) $n = 1$ $\quad K(x) = \frac{\Omega(x')}{|x|} = \frac{C \operatorname{sgn} x}{|x|} = \frac{C}{x}$

(sgn x = signe de x = $\begin{cases} 1 & \text{si } x > 0 \\ -1 & \text{si } x < 0 \end{cases}$)

pour $C = 1$ on a $\text{V.P.}\int \frac{f(y)}{x-y} dy = \lim_{\varepsilon\to 0} \int_{|y-x|\geq\varepsilon} \frac{f(y)}{x-y} dy =$

$$\lim_{\varepsilon\to 0} \int_\varepsilon^\infty \frac{f(x+t)-f(x-t)}{t} dt \ .$$

b) $n = 2$ (1er cas non classique)

le point générique de E_2 sera noté $z = re^{i\theta}$

alors $K(z) = \frac{\Omega(\theta)}{r^2}$ et Ω est 2π-périodique

la série de Fourier de Ω est $\Omega \sim \sum_{\substack{-\infty \\ k\neq 0}}^{+\infty} c_k e^{ik\theta} = \sum' c_k e^{ik\theta}$

car $c_0 = 0$ d'après ii)

la série de Fourier de K sera alors $K \sim \frac{\sum' c_k e^{ik\theta}}{r^2}$

en particulier on peut avoir comme noyau

$$K_k(z) = \frac{e^{ik\theta}}{r^2} \quad (k \in Z^*)$$

pour $k = -2$, $K(z) = \frac{1}{z^2}$ est analytique et, formellement,

on a $\tilde{f}(z) = \iint \frac{f(\zeta)}{(\zeta - z)^2} d\xi d\eta$ où $\zeta = \xi + i\eta$

c'est la transformation de Beurling.

c) $n > 2$ $x = (x_1, \ldots, x_n)$

$K_j(x) = \frac{x_j}{|x|^{n+1}}$ $j = 1, 2, \ldots, n$ noyaux de M. Riesz

$\tilde{f} = f * K_j = R_j f$ transformation de M. Riesz.

I.7 - Théorème d'existence de $\tilde{f}$

Théorème 0: Si $f \in L^p \cap \Lambda_\alpha$ $(1 \leq p < \infty, \alpha > 0)$ $\Omega \in L^1(\Sigma)$ et $\int_\Sigma \Omega(y')dy' = 0$.
Alors $\tilde{f}(x) = \text{V.P.} \int f(x-y) \frac{\Omega(y)}{|y|^n} dy$ existe pour presque tout x. Si de plus Ω est borné, alors $\tilde{f}$ est définie partout.

Preuve: $f \in \Lambda_\alpha \Longrightarrow \exists \delta > 0$ et $\exists C$ t.q. $|y| \leq \delta \Longrightarrow |f(x+y) - f(x)| \leq C|y|^\alpha$
d'après I.4, $\forall \varepsilon > 0$, $\exists \tilde{f}_\varepsilon$ presque partout. Alors $\forall \varepsilon$ $0 < \varepsilon \leq \delta$, on peut écrire, pour tout x où $\tilde{f}_\delta$ est définie (i.e. p.p. d'après I.4, partout si Ω est borné)

$$\tilde{f}_\varepsilon(x) = \int_{\varepsilon \leq |y| \leq \delta} [f(x-y)] \frac{\Omega(y)}{|y|^n} dy + \tilde{f}_\delta(x)$$

mais

$$\int_{\Sigma}\Omega(y')dy' = 0 \Rightarrow \int_{\varepsilon\leq y\leq\delta}\frac{\Omega(y)}{|y|^n}\,dy = \int_{\substack{y'\in\Sigma\\ \varepsilon\leq\rho\leq\delta}}\frac{\Omega(y')}{\rho}\,d\rho\,dy' = 0$$

alors $\tilde{f}_\varepsilon(x) = \tilde{f}_\delta(x) + \int_{\varepsilon\leq|y|\leq\delta}[f(x-y)-f(x)]\,\frac{\Omega(y)}{|y|^n}\,dy$.

Considérons $g(y) = [f(x-y)-f(x)]\,\frac{\Omega(y)}{|y|^n}$ alors $|g(y)| \leq C|\Omega(y)||y|^{\alpha-n}$ et la fonction $y \to C|\Omega(y)||y|^{\alpha-n}$ est intégrable dans la boule de centre l'origine et de rayon δ car $\int_{|y|\leq\delta}\frac{|\Omega(y)|}{|y|^{n-\alpha}}\,dy = (\int_{\Sigma}|\Omega(y')|dy')\int_0^\delta\frac{d\rho}{\rho^{1-\alpha}}$;

il en résulte que g est aussi intégrable dans cette boule, puis que $\int_{\varepsilon\leq|y|\leq\delta} g(y)dy$ tend vers une limite finie lorsque $\varepsilon \to 0$.

<u>Remarque</u> sur la nécessité de $\int_{\Sigma}\Omega(y')dy' = 0$.

Posons w_n = aire de $\Sigma = |\Sigma|$, puis $\mu = \frac{1}{w_n}\int_{\Sigma}\Omega(y')dy'$, enfin $\Omega^* = \Omega-\mu$ $\int_{\Sigma}\Omega^*(y')dy' = 0$.

Alors

$$\int_{\varepsilon\leq|y|\leq 1} f(x-y)K(y)dy = \int_{\varepsilon\leq|y|\leq 1} f(x-y)\,\frac{\Omega^*(y)}{|y|^n}\,dy + \mu\int_{\varepsilon\leq|y|\leq 1} f(x-y)\frac{dy}{|y|^n}$$

Si $f\in\Lambda_\alpha$ la première intégrale converge, tandis que

$$I = \int_{\varepsilon\leq|y|\leq 1} f(x-y)\,\frac{dy}{|y|^n} = \int_\varepsilon^1\frac{dA(\rho)}{\rho^n} = \left[\frac{A(\rho)}{\rho^n}\right]_\varepsilon^1 + n\int_\varepsilon^1\frac{A(\rho)}{\rho^{n+1}}\,d\rho = O(1) + nJ$$

(On a posé $A(\rho) = \int_{|y|\leq\rho} f(x+y)dy = C\rho^n + o(\rho^n)$,

$$\text{alors}\quad J = \int_\varepsilon^1\frac{C\,d\rho}{\rho} + \int_\varepsilon^1\frac{o(\rho^n)}{\rho^{n+1}}\,dp = C\,\mathrm{Log}\,\frac{1}{\varepsilon} + o(\mathrm{Log}\,\frac{1}{\varepsilon})$$

donc si $\mu\neq 0$, I diverge en général vers l'infini lorsque $\varepsilon\to 0$.

CHAPITRE II - TRANSFORMEE DE HILBERT DANS LE CAS D'UNE VARIABLE

II.1 - Théorèmes d'existence

Théorème 1: Si $f \in L(-\infty, +\infty)$ alors $\tilde{f}(x) = V.P.\int \frac{f(t)}{x-t}\,dt$ existe presque partout. De plus, si $E(y) = \{x;\ |\tilde{f}(x)| > y > 0\}$, alors $|E(y)| \leq A\ \frac{\|f\|_1}{y}$ où A est une constante indépendante de f et de y.

Théorème 2: F à variation bornée sur R, alors $g(x) = V.P.\int_{-\infty}^{+\infty} \frac{dF(t)}{x-t}$ existe presque partout. De plus, si $E(y) = \{x;\ |g(x)| > y > 0\}$, alors $|E(y)| \leq A\ \frac{V}{y}$ où V est la variation totale de F.

Il est clair que la théorème 1 est une conséquence du théorème 2, car si $f \in L(-\infty, +\infty)$, alors $F : t \to \int_{-\infty}^{t} f(u)du$ est à variation bornée sur R et $V = \int_{-\infty}^{+\infty} |f(u)|du = \|f\|_1$.

Remarquons d'abord que, pour tout x, $g_\varepsilon(x) = \int_{|t-x| \geq \varepsilon} \frac{dF(t)}{x-t}$ a un sens.
En effet, sur tout compact $K \subset \complement\,]x-\varepsilon, x+\varepsilon[$, la fonction $t \to \frac{1}{x-t}$ est continue, donc l'intégrale de Lebesgue-Stieltjes $\int_K \frac{dF(t)}{x-t}$ a un sens.
Reste à examiner la convergence à l'infini.

Considérons $x+\varepsilon \leq T < T'$; alors $\left|\int_T^{T'} \frac{dF(t)}{x-t}\right| \leq \int_T^{T'} \frac{dV}{|x-t|} \leq \frac{V}{|x-T|}$.

Même calcul pour $T_1' < T_1 < x-\varepsilon$. Ce qui prouve que l'intégrale est même absolument convergente.

Lemme 1 - Soit $\varphi(x) = \sum_{j=1}^{n} \frac{\mu_j}{x-a_j}$ où $\mu_j > 0$ $(j = 1,2,\ldots,n)$ et $a_1 < a_2 < \ldots < a_n$.

$$e_1(y) = |\{x;\ \varphi(x) \geq y > 0\}| = \frac{1}{y}\sum_{j=1}^{n} \mu_j$$

$$e_2(y) = |\{x;\ \varphi(x) \leq -y < 0\}| = \frac{1}{y}\sum_{j=1}^{n} \mu_j.$$

Alors (ci-dessus).

Preuve: La fonction considérée est définie, continue, décroissante dans chaque intervalle $]-\infty, a_1[$, $]a_1, a_2[, \ldots,]a_{n-1}, a_n[$, $]a_n, +\infty[$

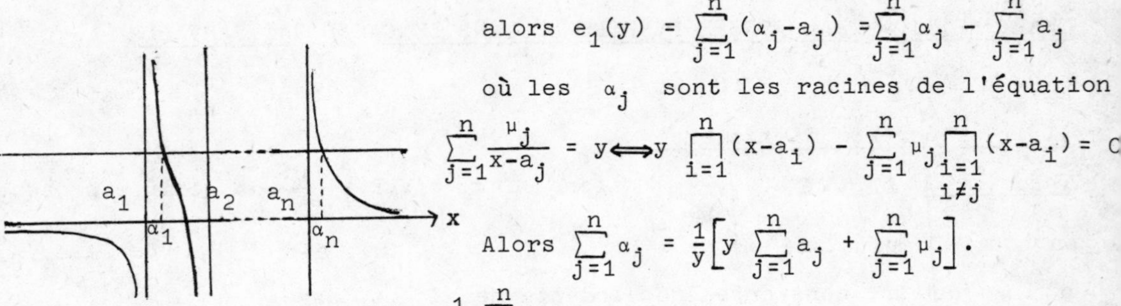

alors $e_1(y) = \sum_{j=1}^{n} (\alpha_j - a_j) = \sum_{j=1}^{n} \alpha_j - \sum_{j=1}^{n} a_j$

où les α_j sont les racines de l'équation

$$\sum_{j=1}^{n} \frac{\mu_j}{x-a_j} = y \Longleftrightarrow y \prod_{i=1}^{n} (x-a_i) - \sum_{j=1}^{n} \mu_j \prod_{\substack{i=1 \\ i \neq j}}^{n} (x-a_i) = 0$$

Alors $\sum_{j=1}^{n} \alpha_j = \frac{1}{y}\left[y \sum_{j=1}^{n} a_j + \sum_{j=1}^{n} \mu_j \right]$.

d'où le résultat pour $e_1(y) = \frac{1}{y} \sum_{j=1}^{n} \mu_j$.

Même démonstration pour $e_2(y) = \frac{1}{y} \sum_{j=1}^{n} \mu_j$.

<u>Lemme 2</u> - Supposons qu'il existe une suite finie d'intervalles $I_i = [x_i - \delta_i, x_i + \delta_i]$, $i = 1,2,\ldots,n$, disjoints deux à deux et tels que $g_{\delta_i}(x_i) > y$. <u>Alors</u> $\sum_{i=1}^{n} \delta_i \leq 8 \frac{V}{y}$.

<u>Preuve</u>: L'idée est d'approcher les $g_{\delta_i}(x_i)$ par une somme de Riemann-Stieltjes $\sum_{j=1}^{N-1} \frac{F(t_{j+1}) - F(t_j)}{x - t_j}$ et d'appliquer le lemme 1 à cette fonction.

Supposons donc d'abord F croissante (pour avoir $\mu_j = F(t_{j+1}) - F(t_j) \geq 0$) et construisons la fonction qui jouera le rôle de la fonction φ du lemme 1.

Choisissons ε par les conditions $0 < \varepsilon < \operatorname{Min}_{i=1,..,n} [g_{\delta_i}(x_i) - y]$. <u>Alors</u>

$\forall i$, $i = 1,\ldots, n$ il existe une subdivision $\sigma_i = (t_1^{(i)}, \ldots, t_{N_i}^{(i)})$ de $\complement I_i$ telle que pour toute subdivision σ' de $\complement I_i$ consécutive à σ_i, soit $\sigma' = (t'_1, \ldots, t'_{N'})$ alors $\left| \sum_{j=1}^{N'-1} \frac{F(t'_{j+1}) - F(t'_j)}{x_i - t'_j} - g_{\delta_i}(x_i) \right| \leq \varepsilon$.

Prenons alors $\sigma_0 = \bigcup_{K=1}^{n} (x_K - \delta_K, x_K, x_K + \delta_K)$ et $\sigma = \bigcup_{i=0}^{n} \sigma_i$, $\sigma = (t_1, \ldots, t_N)$.

Posons enfin $\mu_j = F(t_{j+1}) - F(t_j)$, $j = 1,\ldots,N-1$, $S_i = \{j ; t_j \in]x_i - \delta_i, x_i + \delta_i[\}$

$$h_i(x) = \sum_{j \notin S_i} \frac{\mu_j}{x - t_j} \qquad \varphi_i(x) = \sum_{j \in S_i} \frac{\mu_j}{x - t_j} \qquad \varphi(x) = \sum_{j=1}^{N-1} \frac{\mu_j}{x - t_j} .$$

Alors, par construction, $h_i(x_i) > y$ pour $i = 1,2,\ldots,n$.

Mais h_i est décroissante dans tout intervalle où elle est définie; il en résulte que $\forall x \in [x_i-\delta_i, x_i]$, $h_i(x) > y$. Alors, pour un tel x, ou bien $\varphi(x) > \frac{y}{2}$, ou bien $\varphi_i(x) < -\frac{y}{2}$. Soient alors $E_0 = \{x; \varphi(x) > \frac{y}{2}\}$, $E_i = \{x; \varphi_i(x) < -\frac{y}{2}\}$ $i = 1,\dots,n$.

On peut donc affirmer

$$\bigcup_{i=1}^{n} [x_i-\delta_i, x_i] \subseteq \bigcup_{i=0}^{n} E_i .$$

Alors $\sum_{i=1}^{n} \delta_i \leq \sum_{i=0}^{n} |E_i| \leq \frac{2}{y} \sum_{j=1}^{N-1} \mu_j + \frac{2}{y} \sum_{i=1}^{n} \sum_{j\in S_i} \mu_j \leq \frac{4}{y} \sum_{j=1}^{N-1} \mu_j \leq \frac{4V}{y}$.

Il est bien clair que si on part de F croissante, $g_{\delta_i}(x_i) < -y < 0$, on aboutit au même résultat: $\sum_{i=1}^{n} \delta_i \leq \frac{4V}{y}$.

Soit alors F à variation bornée, $F = F_1-F_2$ sa décomposition canonique en deux fonctions croissantes $F_1(x) = \frac{1}{2}[V(x) + F(x)]$
$F_2(x) = \frac{1}{2}[V(x) - F(x)]$ où $V(x)$ est la variation de F sur $]-\infty,x[$.

Soient alors V_j la variation totale de F_j $j = 1, 2$.

Alors par linéarité, g_{δ_i} se décompose en $g_{\delta_i} = g_{\delta_i}^{(1)} - g_{\delta_i}^{(2)}$

$g_{\delta_i}(x_i) > y \Longrightarrow$ ou bien $g_{\delta_i}^{(1)}(x_i) > \frac{y}{2}$ ou bien $g_{\delta_i}^{(2)}(x_i) < -\frac{y}{2}$.

Soient alors $I = \{i; g_{\delta_i}^{(1)}(x_i) > \frac{y}{2}\}$, $J = \{i; g_{\delta_i}^{(2)}(x_i) < -\frac{y}{2}\}$.

Alors $\sum_{i=1}^{n} \delta_i \leq \sum_{i\in I} \delta_i + \sum_{i\in J} \delta_i \leq \frac{8V_1}{y} + \frac{8V_2}{y}$ par application des résultats précédents aux fonctions croissantes F_1 et F_2.

Il n'y a plus qu'à remarquer que $V = V_1 + V_2$.

Lemme 3 - F à variation bornée sur R de variation totale V

$g_*(x) = \overline{\lim_{\delta\to 0}} |g_\delta(x)|$; $G' = \{x; g_*(x) > y > 0\} = G'(y)$.

Alors $|G'| \leq 32 \frac{V}{y}$.

Preuve: a) G' est mesurable car g_δ est mesurable, donc g_* aussi

b) $\forall x \in G'$, $\exists \delta(x)$ t.q. $g_\delta(x) > y$. Alors $\{]x-\delta, x+\delta[\}_{x\in G'}$ est un recouvrement de G'

c) G' étant mesurable, $|G'|$ est aussi sa mesure intérieure

$$|G'| = \sup_{K \subset G'} |K| \quad K \text{ compact}$$

d) Soit $K \subset G'$, K compact $\{]x-\delta, x+\delta[\}_{x \in G'}$ recouvre G' donc K.

De ce recouvrement, on peut extraire un recouvrement fini

$\{]x_i-\delta_i, x_i+\delta_i[\}$ $i = 1,\dots,N$.

e) de ce recouvrement <u>fini</u> on peut extraire un recouvrement

(fini) tel que $(i \neq j, I_i \cap I_j \neq \emptyset) \Longrightarrow (i-j = \pm 1)$.

Soit (I_i) $i = 1,\dots,n$ ce recouvrement.

f) alors (I_{2j}) et (I_{2j+1}) sont deux familles d'intervalles disjoints deux à deux. La réunion de ces deux familles recouvrant K, l'une d'elle au moins recouvre au moins la moitié de K.

$|K| \leq 2 \sum |I_i|$, $\sum$ pour i pair ou $\sum$ pour i impair

g) alors grâce au lemme 2, on peut affirmer

$$|K| \leq 2 \sum |I_i| \leq 4 \sum \delta_i \leq 32 \frac{V}{y}$$

et l'inégalité, vraie pour tout compact $K \subset G'$, vaut pour G'.

<u>Corollaire 1</u>: $G = \{x; \overline{\lim}_{\varepsilon,\varepsilon' \to 0} |g_\varepsilon(x) - g_{\varepsilon'}(x)| > y > 0\} = G(y)$.

Alors $|G| \leq 64 \frac{V}{y}$.

En effet $|g_\varepsilon(x)| + |g_{\varepsilon'}(x)| \geq |g_\varepsilon(x) - g_{\varepsilon'}(x)| \Longrightarrow 2\, g_*(x) \geq \overline{\lim}_{\varepsilon,\varepsilon' \to 0} |g_\varepsilon(x) - g_{\varepsilon'}(x)|$ et il en résulte que $G(y) \subseteq G'(\frac{y}{2})$ d'où le résultat.

<u>Corollaire 2</u>: Si $F(x) = \int^x f(t)dt$ où $f \in L^1(R)$, alors $V = \|f\|_1$ et on a la même conclusion.

<u>Démonstration du théorème 2</u>

F à variation bornée $\Longrightarrow F = F_1 + F_2$ où F_1 est absolument continue et F_2 singulière.

(1.) Supposons donc d'abord F absolument continue.

Alors $F(x) = \int^x f(t)dt$ où $f \in L^1(R)$ et $g_\delta = \tilde{f}_\delta$

$f \in L^1 \Longrightarrow f = f_1 + f_2$ où $\begin{cases} f_1 & \text{est en escalier} \\ \|f_2\|_1 & \text{est arbitrairement petite} \end{cases}$

Nous nous proposons de montrer que $\lim_{\varepsilon\to 0} \tilde{f}_\varepsilon(x)$ existe pour presque tout x. Nous allons donc montrer le critère de Cauchy:

$$\overline{\lim_{\varepsilon,\varepsilon'\to 0}} |\tilde{f}_\varepsilon(x) - \tilde{f}_{\varepsilon'}(x)| = 0 \quad \text{p.p.}$$

Or $\overline{\lim_{\varepsilon,\varepsilon'\to 0}} |\tilde{f}_\varepsilon(x) - \tilde{f}_{\varepsilon'}(x)| \leq \overline{\lim_{\varepsilon,\varepsilon'\to 0}} |\tilde{f}_{1\varepsilon}(x) - \tilde{f}_{1\varepsilon'}(x)| + \overline{\lim_{\varepsilon,\varepsilon'\to 0}} |\tilde{f}_{2\varepsilon}(x) - f_{2\varepsilon'}(x)|$.

Si f_1, en escalier, est continue au point x, f_1 est constante sur un intervalle $]x-\eta, x+\eta[$ et dès que ε est plus petit que η, $\tilde{f}_{1\varepsilon}$ ne dépend pas de ε. Il en résulte que $\overline{\lim_{\varepsilon,\varepsilon'\to 0}} |\tilde{f}_{1\varepsilon}(x) - \tilde{f}_{1\varepsilon'}(x)| = 0$ sauf peut-être aux points de discontinuité de f_1.

Montrons alors: $\forall y > 0$, $\overline{\lim_{\varepsilon,\varepsilon'\to 0}} |\tilde{f}_\varepsilon(x) - \tilde{f}_{\varepsilon'}(x)| \leq y$ p.p.

Soient $y > 0$ et $G = \{x;\ \overline{\lim_{\varepsilon,\varepsilon'\to 0}} |\tilde{f}_\varepsilon(x) - \tilde{f}_{\varepsilon'}(x)| > y\}$.

Alors pour toute décomposition $f = f_1 + f_2$ du type précédent,

$G \subseteq G_1 \cup G_2$ où $\begin{cases} G_1 & \text{est l'ensemble des points de discontinuité de } f_1 \\ G_2 = \{x;\ \overline{\lim}_{\varepsilon,\varepsilon'\to 0} |\tilde{f}_{2\varepsilon}(x) - \tilde{f}_{2\varepsilon'}(x)| > y\} \end{cases}$

en effet, $x \in G \Longrightarrow y < \overline{\lim_{\varepsilon,\varepsilon'\to 0}} |\tilde{f}_\varepsilon(x) - \tilde{f}_{\varepsilon'}(x)| \leq \overline{\lim_{\varepsilon,\varepsilon'\to 0}} |\tilde{f}_{1\varepsilon}(x) - f_{1\varepsilon'}(x)|$

$$+ \overline{\lim_{\varepsilon,\varepsilon'\to 0}} |\tilde{f}_{2\varepsilon}(x) - \tilde{f}_{2\varepsilon'}(x)|$$

alors $x \notin G_1 \Longrightarrow \overline{\lim_{\varepsilon,\varepsilon'\to 0}} |\tilde{f}_{1\varepsilon}(x) - \tilde{f}_{1\varepsilon'}(x)| = 0 \Longrightarrow x \in G_2$.

Alors $|G| \leq |G_1| + |G_2| \leq 0 + \frac{64}{y} \|f_2\|_1$ d'après corollaire 2 lemme 3.
Comme $\|f_2\|_1$ est arbitrairement petite, G est de mesure nulle.
Prenons maintenant une suite de y_n tendant vers zéro; il en résulte que $\overline{\lim_{\varepsilon,\varepsilon'\to 0}} |\tilde{f}_\varepsilon(x) - \tilde{f}_{\varepsilon'}(x)| = 0$ sauf peut-être sur une réunion dénombrable d'ensembles négligeables, donc presque partout.

(2.) Considérons maintenant le cas où F est singulière. Soit $y > 0$ et considérons $G = G(y) = \{x; \overline{\lim}_{\delta,\delta'\to 0} |g_\delta(x) - g_{\delta'}(x)| > y\}$. Soit $\varepsilon > 0$; il existe une suite finie d'intervalles fermés, disjoints deux à deux, soient $I_1, I_2, \ldots, I_n$, de longueur totale inférieure à ε et tels que la variation totale de F sur le complémentaire de $I = \bigcup_{j=1}^{n} I_j$ soit aussi inférieure à ε.

Décomposons alors $F = F_1 + F_2$ où F_1 est la restriction de F à I, et posons

$$g_{i\delta}(x) = \int_{|x-t|\geq\delta} \frac{dF_i(t)}{x-t} \qquad i = 1,2.$$

Enfin décomposons $G = (G \cap I) \cup (G \cap \complement I)$.

$\forall x \in \complement I$, $\exists \eta(x)$ t.q. $]x-\eta, x+\eta[\subset \complement I$; alors pour $0 < \delta \leq \delta' < \eta$, on a

$$g_{1\delta}(x) - g_{1\delta'}(x) = \int_{x-\delta'}^{x-\delta} \frac{dF_1(t)}{x-t} + \int_{x+\delta}^{x+\delta'} \frac{dF_1(t)}{x-t} = 0 \text{ car } F_1 = 0 \text{ sur }]x-\eta, x+\eta[.$$

Alors $G \cap \complement I = \{x;\ x \in \complement I$ et $\overline{\lim}_{\delta,\delta'\to 0} |g_{2\delta}(x) - g_{2\delta'}(x)| > y\}$.

Il résulte alors du lemme 3 que $|G \cap \complement I| \leq \frac{64\varepsilon}{y}$, mais $|G \cap I| \leq |I| \leq \varepsilon$.

Alors $|G| \leq (1 + \frac{64}{y})\varepsilon$. Comme ε est arbitraire, G est de mesure nulle et la démonstration s'achève comme précédemment.

(3.) Montrons enfin que $|E(y)| \leq 32 \frac{V}{y}$.

En effet, considérons $g_* = \overline{\lim}_{\delta\to 0} |g_\delta|$. Comme il existe une limite presque partout on a $g_* = g$ p.p.; il en résulte que $|E(y)| = |G'(y)| \leq 32 \frac{V}{y}$ d'après le lemme 3.

<u>Théorème 3</u>: $g^* = \operatorname{Sup}_{\delta>0} |g_\delta|$.

Alors $|\{x;\ g^*(x) > y > 0\}| \leq 32 \frac{V}{y}$.

<u>Preuve</u>: même démonstration que celle du lemme 3.

II.2 - Propriétés de la transformée de Hilbert d'une fonction de L^1

<u>Théorème 4</u>: $f \in L^1(R)$; $\forall \eta$ t.q. $0 < \eta < 1$, $\forall I$ borné

g^* (et à fortiori g_δ et g) $\varepsilon\, L^{1-\eta}(I)$.

Preuve: il suffit évidemment de prouver le résultat pour g^* car $|g_\delta| \leq g^*$ et $|g| \leq g^*$. Soit ω la fonction de distribution de g^* dans I

$$\omega(y) = |\{x;\ x \in I,\ g^*(x) > y > 0\}|.$$

Alors on a les deux majorations: $\omega(y) \leq |I|$ évidemment, $\omega(y) \leq A\frac{V}{y}$ d'après le théorème 3; g^* est mesurable positive, il suffit de prouver $J = \int_I [g^*(x)]^{1-\eta}\,dx$ est finie, nous allons même donner une majoration assez précise de J.

Introduisant ω et intégrant par parties il vient:

$$J = -\int_0^\infty y^{1-\eta}\,d\omega(y) = \Big[-y^{1-\eta}\,\omega(y)\Big]_0^\infty + (1-\eta)\int_0^\infty y^{-\eta}\,\omega(y)dy$$

$$y \to \infty \quad |y^{1-\eta}\,\omega(y)| \leq \frac{AV}{y^\eta} \to 0$$

$$y \to 0 \quad |y^{1-\eta}\,\omega(y)| \leq |I|y^{1-\eta} \to 0$$

prenons alors y_0 t.q. $0 < y_0 < \infty$ que nous choisirons plus tard

$$J \leq (1-\eta)|I|\int_0^{y_0} y^{-\eta}dy + (1-\eta)AV\int_{y_0}^\infty y^{-1-\eta}dy$$

$$J \leq |I|y_0^{1-\eta} + \frac{1-\eta}{\eta}\,AV\,y_0^{-\eta} = \varphi(y_0)\ .$$

Cela prouve déjà que J est finie. Pour obtenir une majoration de J choisissons y_0 pour rendre $\varphi(y_0)$ minimum

$$\varphi'(y) = \frac{1-\eta}{y^{\eta+1}}(y|I| - AV) \Longrightarrow \varphi(y_0) = \varphi\left(\frac{AV}{|I|}\right) = \frac{(AV)^{1-\eta}}{\eta}|I|^\eta$$

$$J \leq \frac{A^{1-\eta}}{\eta}|I|^\eta\,V^{1-\eta}\ .$$

<u>Exemple important</u>. Transformée de Hilbert de la fonction caractéristique d'un intervalle. Soient $I = (a,b)$ intervalle borné et χ_I sa fonction caractéristique

$$x \notin \bar{I},\quad \tilde{\chi}_I(x) = \int_a^b \frac{dt}{x-t} = \mathrm{Log}\left|\frac{x-a}{x-b}\right| = \mathrm{Log}\,\frac{x-a}{x-b}$$

$x \in \overset{\circ}{I}$, dès que ε est assez petit, $\tilde{\chi}_{I\varepsilon}(x) = \int_a^{x-\varepsilon}\frac{dt}{x-t} + \int_{x+\varepsilon}^b \frac{dt}{x-t} = \mathrm{Log}\left|\frac{x-a}{x-b}\right|$

d'où le résultat: $\tilde{\chi}_I(x) = \mathrm{Log}\left|\frac{x-a}{x-b}\right|$.

Si $|x| \to \infty$, $\tilde{\chi}_I(x) = \text{Log}|1 + \frac{b-a}{x-b}| \sim \frac{|I|}{|x-b|} \sim \frac{|I|}{|x|}$ ce qui prouve que $\forall p \in]0,1]$, $\tilde{\chi}_I \notin L^p(R)$, résultat qui montre la nécessité de l'hypothèse I borné dans le théorème 4.

Exercice: $f(x) = \dfrac{1}{|x|\text{Log}^2|x|} \in L^1(R)$; alors $(x \to 0) \to (\tilde{f}(x) \sim \dfrac{1}{x \text{ Log}|x|})$

ce qui prouve que $\tilde{f} \notin L^1_{loc}(R)$.

On pourrait même obtenir des transformées de Hilbert qui ne soient intégrables dans aucun intervalle.

Théorème 5: Soit $\{f_n\}_{n \in N}$ où $\forall n$, $f_n \in L^1(R)$, $f_n \to f$ en moyenne.

Alors $\tilde{f}_n \to \tilde{f}$ en mesure.

Preuve: d'après le théorème 1 appliqué à $f_n - f$, on a:

$$\forall \varepsilon > 0, \ |\{x; |\tilde{f}_n(x) - \tilde{f}(x)| > \varepsilon\}| \leq \frac{A}{\varepsilon} \|f_n - f\|_1 \to 0 \text{ avec } \frac{1}{n}.$$

Corollaire: il existe une suite extraite $\{\tilde{f}_{n_K}\} \to \tilde{f}$ p.p.

En effet de toute suite de fonctions convergeant en mesure, on peut extraire une sous-suite qui converge presque partout.

II.3 - Cas où $f \in L^p(R)$, $1 < p < \infty$.

Théorème 6: $f \in L^p(R)$ $1 < p < \infty$.

Alors $\tilde{f}$ existe presque partout.

Preuve: en effet soit I intervalle borné, alors $f \in L^1(I)$

décomposons $f = f_1 + f_2$ où f_1 est la restriction de f à I

alors $f_1 \in L^1(R)$ et $\tilde{f}_1$ existe presque partout

mais $f_2 = 0$ sur I, donc $\forall x \in \overset{\circ}{I}$, $\exists \tilde{f}_2(x)$

alors $\tilde{f}$ existe presque partout dans I

prenant maintenant une suite d'intervalles dont la réunion recouvre R, il en résulte que $\tilde{f}$ existe sauf peut être sur une réunion dénombrable d'ensembles négligeables donc presque partout.

Théorème 7: Soit $\{f_n\}_{n \in N}$, $\forall n$ $f_n \in L^p(R)$ $1 < p < \infty$, $f_n \to f$ dans L^p.

Alors $\tilde{f}_n \to \tilde{f}$ en mesure dans tout intervalle borné.

Preuve: il suffit de prouver le résultat dans le cas où l'intervalle borné est de la forme $I = [-A, +A]$. Soient alors $J = [-2A, 2A]$, χ_J sa fonction caractéristique. Décomposons alors $f_n = f_{1,n} + f_{2,n}$ où $f_{1,n} = f_n \chi_J$, de même pour f. Alors $f_{1,n} \in L^1(R)$ et $f_{1,n} \to f_1$ en moyenne. En effet:

$$\int_R |f_{1,n} - f_1| = \int_J |f_n - f| \leq |J|^{1/q}.(\int_J |f_n - f|^p)^{1/p} \leq (4A)^{1/q} \| f_n - f \|_p$$

où q est le conjugué de p: $\left(\frac{1}{p} + \frac{1}{q} = 1.\right)$

Alors d'après le théorème 5, $\tilde{f}_{1,n} \to \tilde{f}_1$ en mesure puis $\tilde{f}_{2,n} \to \tilde{f}_2$ uniformément dans I. En effet

$$x \in I, \ |\tilde{f}_{2,n}(x) - \tilde{f}_2(x)| = \left| \int_{\complement J} \frac{f_{2,n}(t) - f_2(t)}{x-t} \, dt \right| \leq$$

$$(\int_{\complement J} |f_{2,n} - f_2|^p)^{1/p}.(\int_{\complement J} \frac{dt}{|x-t|^q})^{1/q}, \ |\tilde{f}_{2,n}(x) - \tilde{f}_2(x)| \leq (2\int_A^{+\infty} \frac{du}{u^q})^{1/q} \| f_n - f \|_p.$$

II.4 - Compléments sur les transformées de Hilbert des fonctions caractéristiques d'ensembles

Théorème 8: Soient E un ensemble mesurable de mesure finie $|E|$ et χ sa fonction caractéristique. Soient $\omega_1(y) = |\{x; \tilde{\chi}(x) > y > 0\}|$; $\omega_2(y) = |\{x; \tilde{\chi}(x) < -y < 0\}|$.

Alors $\omega_j(y) = \frac{|E|}{\operatorname{sh} y}$ $j = 1, 2$.

Preuve: grâce au théorème 5, il suffit de prouver le résultat dans le cas où E est réunion finie d'intervalles bornés et disjoints; $E = \bigcup_{j=1}^{n} I_j$.

$I_j = (a_j, b_j)$ avec $a_1 < b_1 < a_2 < \ldots < b_{j-1} < a_j < b_j < a_{j+1} < \ldots < b_{n-1} < a_n < b_n$.

Alors $\tilde{\chi}(x) = \sum_{j=1}^{n} \operatorname{Log} \left|\frac{x-a_j}{x-b_j}\right|$ d'après exemple 2.2.

La disposition des branches infinies est alors la suivante

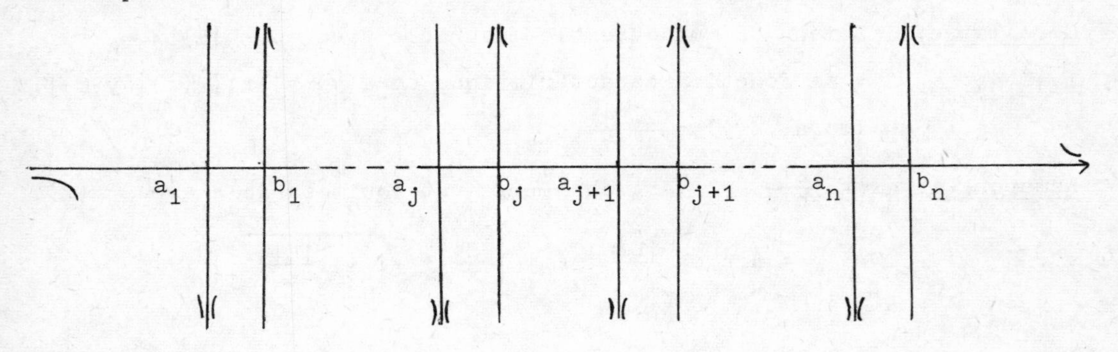

$\forall y \neq 0 \quad \tilde{\chi}(x) = y$ admet donc

une racine au moins dans $(a_j, b_j) j = 1,\dots,n$: n racines au moins

une racine au moins dans $(b_j, a_{j+1}) j = 1,\dots(n-1)$: n-1 racines au moins

puis une racine au moins dans $(-\infty, a_1)$ si $y < 0$

une racine au moins dans $(b_n, +\infty)$ si $y > 0$

l'équation admet donc au moins 2n racines réelles.

Montrons que cette équation admet 2n racines réelles au plus.
Soient (α) les racines dans E, (β) les racines dans $\complement E$

$$x \in \complement E, \quad \tilde{\chi}(x) = \sum_{j=1}^{n} \operatorname{Log} \frac{x-a_j}{x-b_j} = y \Longleftrightarrow \prod_{j=1}^{n} \frac{x-a_j}{x-b_j} = e^y$$

$$x \in I_j \quad \tilde{\chi}(x) = \operatorname{Log} \frac{a_j - x}{x-b_j} + \sum_{\substack{i \neq j \\ i=1}}^{n} \operatorname{Log} \frac{x-a_i}{x-b_i} = y \Longleftrightarrow \prod_{i=1}^{n} \frac{x-a_i}{x-b_i} = -e^y \ .$$

Il en résulte que les (α) et les (β) sont au plus au nombre de n respectivement. Alors $\forall y \neq 0$, $\tilde{\chi}(x) = y$ a exactement 2n racines.

On en déduit que $\tilde{\chi}$ est monotone dans chaque intervalle où elle est continue. Considérons alors $y > 0$. On a $a_j < \alpha_j < b_j \quad j=1,\dots,n$

$b_j < \beta_j < a_{j+1} \quad j=1,\dots,n \quad a_{n+1} = +\infty$.

Posons $A = \sum_{j=1}^{n} a_j$, $B = \sum_{j=1}^{n} b_j$.

Alors $\sum_{j=1}^{n} \alpha_j = \dfrac{A+Be^y}{1+e^y}$ et $\sum_{j=1}^{n} \beta_j = \dfrac{A-e^y B}{1-e^y}$.

Puis $\omega_1(y) = \sum_{j=1}^{n} (\beta_j - \alpha_j) = \dfrac{2(A-B)e^y}{1-e^{2y}} = \dfrac{B-A}{\operatorname{sh} y} = \dfrac{|E|}{\operatorname{sh} y}$.

Calcul analogue pour $y < 0$.

<u>Corollaire:</u> Soient E un ensemble mesurable avec $0 < |E| < \infty$, χ sa fonction caractéristique et $\omega(y) = |\{x; |\tilde{\chi}(x)| > y > 0\}|$.

Alors $\omega(y) = \dfrac{2|E|}{\operatorname{sh} y}$.

<u>Remarque 1</u>: $x = \dfrac{|E|}{\operatorname{sh} y}$ $y = \operatorname{Arg\,sh} \dfrac{|E|}{x}$, $\tilde{\chi}$ est équimesurable avec $y(x)$.

$$\text{Or} \quad y = \operatorname{Arg\,sh} \frac{|E|}{x} = \operatorname{Log} \left[\frac{|E|}{x} + \sqrt{1 + \left(\frac{|E|}{x}\right)^2} \right]$$

$$x \to 0, \quad y \sim \mathrm{Log}\,\frac{1}{|x|}$$
$$x \to \infty, \quad y \sim \frac{|E|}{x}\,.$$

Remarque 2: Sous les mêmes hypotheses que dans Théorème 8, si l'on pose
$\omega_{1,E}(y) = |\{x \in E;\ \tilde{\chi}(x) > y > 0\}|$, $\omega_{2,E}(y) = |\{x \in E;\ \tilde{\chi}(x) < -y < 0\}|$,
$\omega_{1,CE}(y) = |\{x \in CE;\ \tilde{\chi}(x) > y > 0\}|$, $\omega_{2,CE}(y) = \{x \in CE;\ \tilde{\chi}(x) < -y < 0\}|$,
alors

$$\omega_{1,E} = \omega_{2,E} = \frac{|E|}{e^{y}+1}\,,$$
$$\omega_{1,CE} = \omega_{2,CE} = \frac{|E|}{e^{y}-1}\,.$$

La démonstration est parallèle à celle du Théorème 8.

Théorème 9: Soient E un ensemble mesurable avec $0 < |E| < \infty$, χ sa fonction caractéristique, $h^*(x) = \sup\limits_{\delta>0} |\tilde{\chi}_\delta(x)|$. Alors $\omega(y) = |\{x; h^*(x) > y > 0\}| \leq 16\,\dfrac{|E|}{\mathrm{sh}\,\frac{y}{2}}$.

Preuve: grâce au théorème 5, il suffit de prouver le résultat lorsque E est réunion finie d'intervalles bornés disjoints. Soit $H = \{x; h^* > y\}$.

On sait déjà par le théorème 3 que H est de mesure finie (et même $|H| \leq \frac{32|E|}{y}$) $\forall x \in H$, $\exists \delta = \delta(x)$ t.q. $|\tilde{\chi}_\delta(x)| > y$ d'après la définition du Supremum. Alors $\{]x-\delta, x+\delta[\}_{x \in H}$ est un recouvrement de H, de la même manière que dans la démonstration du lemme 3, on peut affirmer: pour tout $\varepsilon > 0$, on peut extraire un recouvrement d'une partie de H par un nombre fini d'intervalles disjoints $(x_j-\delta_j, x_j+\delta_j)$ $j = 1,2,\ldots,n$, tels que $|\tilde{\chi}_{\delta_j}(x_j)| > y$ et $|H| \leq 4 \sum\limits_{j=1}^{n} \delta_j + \varepsilon$.

Par construction les $x_j, x_j \pm \delta_j$ sont en nombre fini; si l'un d'eux, soit x_0, est adhérent à E, on peut retirer à E un voisinage arbitrairement petit de x_0, soit $(x_0-\alpha, x_0+\alpha)$. Alors le nouvel ensemble, soit E', est encore réunion finie d'intervalles disjoints, sa mesure est arbitrairement proche de celle de E, et sa fonction caractéristique, soit χ', possède aussi la propriété: $|\chi'_{\delta_j}(x_j)| > y$. En effet

$\tilde{\chi}_{\delta_j}(x_j) - \tilde{\chi}'_{\delta_j}(x_j) = (\widetilde{\chi - \chi'})_{\delta_j}(x_j) = \chi''_{\delta_j}(x_j)$ où χ'' est la fonction caractéristique de $(x_0 -\alpha, x_0 +\alpha)$; alors il est immédiat que $\tilde{\chi}''_{\delta_j}(x_j) \to 0$ quand $\alpha \to 0$ $(j=1,2,\ldots,n)$.

On peut dès lors supposer que E' est réunion finie d'intervalles disjoints, de mesure arbitrairement proche de celle de E, $|\tilde{\chi}'_{\delta_j}(x_j)| > y$ $j = 1,2,\ldots,n$ et que l'un quelconque des intervalles composant E' est soit à l'extérieur des $[x_j-\delta_j, x_j+\delta_j]$, soit complètement intérieur à un demi intervalle $]x_i-\delta_i, x_i[$ ou $]x_i, x_i+\delta_i[$.

Soient $E'_j = E' \cap]x_j-\delta_j, x_j+\delta_j[$, χ'_j sa fonction caractéristique

$E''_j = E' \setminus E'_j$, χ''_j sa fonction caractéristique.

Alors $\tilde{\chi}'_{\delta_j}(x_j) = \tilde{\chi}'(x_j) - (\tilde{\chi}'_j)(x_j) = (\tilde{\chi}''_j)(x_j)$; d'où $|(\tilde{\chi}''_j(x_j)| > y$;

mais $(\tilde{\chi}''_j)$ est monotone sur $[x_j-\delta_j, x_j+\delta_j]$, donc l'inégalité $|(\chi''_j)(x)| > y$ a lieu au moins sur un demi intervalle $[x_j-\delta_j, x_j]$ ou bien $[x_j, x_j+\delta_j]$.

Soit $H''_j =]x_j-\delta_j, x_j+\delta_j[\cap \{x; |(\tilde{\chi}''_j)(x)| > y\}$; alors les H''_j sont disjoints et $|H''_j| \geq \delta_j$.

Soient $H'_0 = \{x; |\chi'(x)| > \frac{y}{2}\}$, $H'_j = \{x; |(\tilde{\chi}'_j)(x)| > \frac{y}{2}\}$ alors $H''_j \subseteq H'_0 \cup H'_j$ car $(\tilde{\chi}''_j)(x) = \tilde{\chi}'(x) - \tilde{\chi}'_j(x)$; il en résulte que $\bigcup_{j=1}^{n} H''_j \subset \bigcup_{j=0}^{n} H'_j$.

Alors $\sum_{j=1}^{n} \delta_j \leq \sum_{j=1}^{n} |H''_j| = |\bigcup_{j=1}^{n} H''_j| \leq |\bigcup_{j=0}^{n} H'_j| = \frac{2|E'|}{\operatorname{sh}\frac{y}{2}} + \sum_{j=1}^{n} \frac{2|E'_j|}{\operatorname{sh}\frac{y}{2}} \leq \frac{4|E'|}{\operatorname{sh}\frac{y}{2}}$.

Donc $|H| \leq \frac{16|E'|}{\operatorname{sh}\frac{y}{2}} + \varepsilon$, puis $|H| \leq \frac{16|E'|}{\operatorname{sh}\frac{y}{2}}$ et enfin $|H| \leq 16 \frac{|E|}{\operatorname{sh}\frac{y}{2}}$.

II.5 - Théorème de M. Riesz

On se propose de démontrer le théorème suivant.

Théorème 10: $f \in L^p(R)$ $1 < p < \infty$.

Alors $\tilde{f} \in L^p(R)$ et il existe une constante A_p ne dépendant que de p telle que $\|\tilde{f}\|_p \leq A_p \|f\|_p$ et même $\|\tilde{f}_\delta\| \leq A_p \|f\|_p$.

<u>Remarque</u>: le résultat précédent est en défaut pour $p = 1$:la fonction caractéristique d'un ensemble borné en donne un exemple.

L'idée de la démonstration est celle de O'Neil et Weiss (Studia Mathematica, tome XXIII, fascicule 2, 1963).

Nous établissons d'abord quelques résultats préliminaires concernant les réarrangements de fonctions.

a) <u>Réarrangements</u>

Soient f une fonction non-negative définie sur E_n et ω sa distribuante $\omega(y) = |\{x;\ f(x) > y\}|$ $x \in E_n$ et $y > 0$.

Il est connu que ω est décroissante et continue à droite; de plus $\omega(y - 0) = |\{x;\ f(x) \geq y\}|$ et $\omega(y - 0) - \omega(y) = |\{x;\ f(x) = y\}|$.

On supposera $\omega(y) < \infty$ pour tout $y > 0$ (c'est le cas si $f \in L^p$).

<u>Lemme 4</u>: Il existe une fonction décroissante $t \rightsquigarrow f^*(t)$, $0 < t < \infty$, équimesurable avec f, c'est à dire telle que:

$$\forall y > 0 \qquad |\{x;\ f(x) > y > 0\}| = |\{t;\ f^*(t) > y > 0\}|.$$

<u>Preuve</u>: Définissons f^* par $f^*(t_0) = \mathrm{Inf}\{y;\ \omega(y) \leq t_0\}$.

Alors f^* est décroissante.

Supposons y_0 point de continuité de ω et prenons $t_0 = \omega(y_0)$. Soit y_0' la plus petit valeur y telle que $\omega(y) = t_0$. (Une telle valeur existe car ω est continue à droite.) On aura alors:

$$|\{x;f(x) > y_0\}| = t_0 = |\{t;f^*(t) \geq y_0'\}| = |\{t;f^*(t)>y_0\}|.$$

Si y_0 n'est pas point de continuité de ω, nous pouvons trouver une suite $\{y_n\}$ de points de continuité de ω, suite décroissante vers y_0; cela permet alors d'établir l'égalité:

$$|\{x;\ f(x) > y\}| = |\{t;\ f^*(t) > y\}| \text{ pour tout } y > 0.$$

<u>Corollaire</u>: Si φ est une fonction continue croissante sur R_+^*.

Alors $\int_{E_n} \varphi[f(x)]dx = -\int_0^\infty \varphi(y)d\omega(y) = \int_0^\infty \varphi[f^*(t)]dt$.

En particulier on a $\|f\|_p = \|f^*\|_p$.

Il nous sera utile d'introduire la fonction f^{**} définie sur R_+^* par $f^{**}(t) = \frac{1}{t}\int_0^t f^*(s)ds$. Cette fonction majore f^*; de plus elle est continue et décroissante. Posons $\|f^{**}\|_p = N_p(f)$.

Remarque: On verra plus tard que $(f_1+f_2)^{**} \leq f_1^{**} + f_2^{**}$.

Alors si pour f de signe quelconque on définit f^* comme étant $(|f|)^*$, $N_p(f)$ devient une norme sur L^p.

Lemme 5: $p \geq 1 \quad \|f\|_p \leq N_p(f)$

$p > 1 \quad N_p(f) \leq q\,\|f\|_p$ où q est le conjugué de p

(c'est à dire que pour $p > 1$, N_p et $\|\ \|_p$ sont deux normes équivalentes).

Preuve: $\|f\|_p \leq N_p(f)$ résulte du fait que $\|f\|_p = \|f^*\|_p$ et $0 \leq f^* \leq f^{**}$

la deuxième partie résulte du

Lemme de Hardy: $g(t) \geq 0$ pour $t > 0$ et $G(t) = \int_0^t g(s)ds$

alors $\|\frac{G(t)}{t}\|_p \leq q\|g\|_p$ $(p > 1$, q conjugué de $p)$.

Preuve: Supposons d'abord $g \not\equiv 0$ et g nulle au dehors de (a,b) $0 < a < b < \infty$, en intégrant par parties il vient

$$\|\frac{G(t)}{t}\|_p^p = \int_0^{+\infty} t^{-p}G^p(t)dt = q\int_0^{\infty}\left[\frac{G(t)}{t}\right]^{p-1} g(t)dt \leq q\,\|\frac{G(t)}{t}\|_p^{p/q}\,\|g\|_p.$$

Dans le cas général, le résultat s'obtient en approchant la fonction g par une suite croissante de fonctions g_n du type précédent, les fonctions G_n correspondantes forment aussi une suite croissante et il suffit d'appliquer le théorème de Beppo-Levi.

Avant de démontrer le théorème de M. Riesz, nous démontrerons encore deux lemmes qui nous seront utiles par la suite.

Lemme 6: f et g positives définies sur E_n.

Alors $\int_{E_n} f(x)g(x)dx \leq \int_0^{\infty} f^*(t)g^*(t)dt.$

Preuve: se fait en plusieurs étapes.

(1) f et g fonctions caractéristiques d'ensembles mesurables bornés, supposons $f = \chi_F$, $g = \chi_G$, F et G mesurables bornées. Alors $\int_{E_n} f(x)g(x)dx = |F \cap G|$ et $\int_0^{\infty} f^*(t)g^*(t)dt = \mathrm{Min}(|F|,|G|)$. En effet

$\chi_F^*(t) = 0$ si $t \geq |F|$ et $\chi_F^*(t) = |F|$ si $0 \leq t < |F|$.

(2.) f et g en escalier (ne prénnent qu'un nombre fini de valeurs). On peut trouver des nombres positifs α_j, β_k $(1 \leq j \leq m,\ 1 \leq k \leq m')$ et deux familles finies d'ensembles décroissants X_j et Y_k tels que

$$X_1 \supset X_2 \supset \ldots \supset X_m;\ Y_1 \supset Y_2 \supset \ldots \supset Y_{m'};\ F = \sum_{j=1}^{m} \alpha_j \chi_{X_j};\ g = \sum_{k=1}^{m'} \beta_k \chi_{Y_k}$$

en effet si f prend les valeurs $0, a_1, a_2, \ldots, a_m$ sur les ensembles $F_0, F_1, \ldots, F_m$ avec $0 < a_1 < a_2 < \ldots < a_m$; on peut poser $\alpha_1 = a_1$, $\alpha_2 = a_2 - a_1$, ..., $\alpha_m = a_m - a_{m-1}$ et $X_1 = \bigcup_{j=1}^{m} F_j$, $X_2 = \bigcup_{j=2}^{m} F_j$ etc..., de même pour g.

On obtient alors:

$$\int_{E_n} f(x)g(x)dx = \sum_{j,k} \alpha_j \beta_k \int \chi_{X_j}(x)\chi_{Y_k}(x)dx \leq \int_0^\infty \left[\sum_{j=1}^{m} \alpha_j\ \chi_{X_j}^*(t)\right]\left[\sum_{k=1}^{m'} \beta_k \chi_{Y_k}^*(t)\right]dt$$

et il reste à prouver $\sum_{j=1}^{m} \alpha_j\ \chi_{X_j}^*(t) = f^*(t)$ et l'égalité analogue pour g^*. Or cela est une conséquence immédiate de l'opération "astérisque".

(3.) Cas général. La fonction f peut être approchée par une suite croissante de fonctions en escalier positives $0 \leq f_1 \leq f_2 \leq \ldots \leq f_m \leq \ldots \leq f$ et $f_m \to f$. Pour terminer la démonstration il suffit de remarquer que l'on a

$$0 \leq f_1^* \leq f_2^* \leq \ldots \leq f_m^* \leq \ldots \leq f^* \quad \text{et}$$

$$\int_{E_n} f_m g_m \leq \int_0^\infty f_m^* g_m^* \leq \int_0^\infty f^* g^*$$

où g_m et g_m^* sont définies de façon évidente.

<u>Corollaire</u>: Soit $g = \chi_E$ où $|E| = s$.

Alors $g^*(t) = s$ pour $0 \leq t < s$ et $g^*(t) = 0$ pour $t \geq s$ et

$$\int_E f(x)dx \leq \int_0^\infty f^*(t)g^*(t)dt = s\int_0^s f^*(t)dt = sf^{**}(s).$$

On a même le lemme suivant:

<u>Lemme 7</u>: $s_0 f^{**}(s_0) = \sup_{|E|=s_0} \int_E f(x)dx.$

<u>Preuve</u>: (1.) Supposons d'abord que la valeur $f^*(s_0)$ n'est prise qu'une seule fois. Soit $E = \{x; f(x) \geq f^*(s_0)\}$; on a $|E| = |\{t; f^*(t) \geq f^*(s_0)\}| = s_0$

et $\int_E f(x)dx = \int_{f(x)\geq f^*(s_0)} f(x)dx = \int_{f^*(t)\geq f^*(s_0)} f^*(t)dt =$

$$\int_0^{s_0} f^*(t)dt = s_0 f^{**}(s_0).$$

(2.) Si la valeur $f^*(s_0)$ est prise plus d'une fois, soit

$s_1 = \text{Inf}\,\{s;\ f^*(s) = f^*(s_0)\}$.

Alors $\int_0^{s_0} f^*(t)dt = \int_0^{s_1} f^*(t)dt + \int_{s_1}^{s_0} f^*(t)dt = I_1 + I_2$.

Mais il existe E_1, $|E_1| = s_1$, et tel que $I_1 = \int_0^{s_1} f^*(t)dt = \int_{E_1} f(x)dx$.

Soit alors E_2 un ensemble quelconque, $|E_2| = s_0 - s_1$, où la fonction f prend la valeur $f^*(s_0)$ et soit $E = E_1 \cup E_2$

alors $\int_E f(x)dx = \int_0^{s_0} f^*(t)dt = s_0 f^{**}(s_0)$.

<u>Corollaire</u>: $(f_1 + f_2)^{**} \leq f_1^{**} + f_2^{**}$.

<u>Remarque</u>: il n'est pas vrai en général que $(f_1 + f_2)^* \leq f_1^* + f_2^*$.
il suffit pour le voir de prendre $f_1 = \chi_{[0,1]}$; $f_2 = \chi_{[1,2]}$.

b) <u>Théorème de Riesz</u>

<u>Théorème 10</u>: $f \in L^p(R)$ $\quad 1 < p < \infty$.

Alors $\forall \delta > 0$, $\tilde{f}_\delta \in L^p$; $\tilde{f} \in L^p$

$\|\tilde{f}_\delta\|_p \leq A_p \|f\|_p$; $\|\tilde{f}\|_p \leq A_p \|f\|_p$

où A_p désigne une constante ne dépendant que de p.

<u>Preuve</u>: Comme $p > 1$ les normes N_p et $\|\ \|_p$ sont équivalentes.
Il suffit donc de prouver $N_p(\tilde{f}_\delta) \leq A_p N_p(f)$.
La démonstration se fera en deux étapes: on prouvera d'abord $N_p(\tilde{f}_\delta) \leq A_p N_p(f)$ puis on prouvera que $\tilde{f}_\delta \to \tilde{f}$ en moyenne d'ordre p.

(1.) Soit donc $f \in L^p$, $1 < p < \infty$, et considérons pour δ positif fixé, $\tilde{f}_\delta$, la transformée de Hilbert tronquée. Alors $\tilde{f}_\delta$ est localement sommable.
Si χ est la fonction caractéristique d'un certain ensemble, nous admettrons que $\int \tilde{f}_\delta(x)\chi(x)dx = -\int f(t)\tilde{\chi}_\delta(t)dt$, relation dont la vérification

formelle est immédiate.

Rappelons que pour les fonctions de signe quelconque on définit f^* par $f^* = |f|^*$ par exemple $\tilde{\chi}_\delta^*$ représente $|\tilde{\chi}_\delta|^*$.

Considérons $I = \int_E |\tilde{f}_\delta(x)|dx$ et posons $E^+ = \{x; x \in E,\ \tilde{f}_\delta(x) \geq 0\}$. $E^- = E \setminus E^+$

Alors $I = \int_{E^+} \tilde{f}_\delta(x)dx - \int_{E^-} \tilde{f}_\delta(x)dx = I_1 - I_2$.

Puis $I_1 = \int_{-\infty}^{+\infty} \tilde{f}_\delta(x)\chi_{E^+}(x)dx = -\int_{-\infty}^{+\infty} f(t)\tilde{\chi}_{E^+\delta}(t)dt$

donc $0 \leq I_1 \leq \int_0^{+\infty} f^*(t)\tilde{\chi}^*_{E^+\delta}(t)dt$.

Mais on a déjà vu que: $|\{x; |\tilde{\chi}_{E^+\delta}(x)| > y\}| \leq \dfrac{A.|E^+|}{\operatorname{sh}\frac{y}{2}}$.

Alors $\tilde{\chi}^*_{E^+\delta}(t) \leq 2 \operatorname{Arg\,sh} \frac{As}{t}$ où on a posé $|E| = s \geq |E^+|$.

Par suite $0 \leq I_1 \leq 2\int_0^\infty f^*(t) \operatorname{Arg\,sh} \frac{As}{t}\, dt$.

On a un résultat analogue pour I_2 et finalement

$$I \leq 4\int_0^{+\infty} f^*(t) \operatorname{Arg\,sh} \frac{As}{t}\, dt .$$

Donc aussi $s\, \tilde{f}_\delta^{**}(s) = \sup\limits_{|E|=s} \int_E |\tilde{f}_\delta(x)|dx \leq 4\int_0^\infty f^*(t)\operatorname{Arg\,sh}\frac{As}{t}\, dt$.

Intégrons alors par parties, il vient:

$$\tilde{f}_\delta^{**}(s) \leq 4\, A \int_0^\infty \frac{f^{**}(t)}{\sqrt{A^2s^2+t^2}}\, dt.$$

Pour terminer cette étape, nous aurons besoin du lemme suivant:

<u>Lemme de Schur</u>: Soit $(s,t) \rightsquigarrow K(s,t)$ une fonction positive, homogène de degré (-1). Soient g positive et h définie par $h(s) = \int_0^\infty g(t)K(s,t)dt$.

Alors pour $p > 1$, on a $\|h\|_p \leq A_{K,p}\|g\|_p$ où $A_{K,p}$ est une constante ne dépendant que de K et p.

En effet $\|h\|_p = \|\int_0^\infty g(t)K(s,t)dt\|_p = \|\int_0^\infty g(t).\frac{1}{s}K(1,\frac{t}{s})dt\|_p = \|\int_0^\infty g(su)K(1,u)du\|_p$.

Alors en utilisant l'inégalité de Minkowski:

$$\|h\|_p \leq \int_0^\infty K(1,u)\|g(su)\|_p du = \|g\|_p \int_0^{+\infty} K(1,u)u^{-1/p}du = A_K\|g\|_p .$$

<u>Alors théorème</u>: appliquant le lemme de Schur avec $K(s,t) = \frac{4A}{\sqrt{A^2s^2+t^2}}$.

On peut écrire $N_p(\tilde{f}_\delta) = \| f_\delta^{**} \|_p \leq A_p \| f^{**} \|_p \leq A_p N_p(f)$.

(2.) Passons à la deuxième étape: on sait que $\tilde{f}_\delta \to \tilde{f}$ p.p. quand $\delta \to 0$. On se propose de prouver que la convergence a encore lieu en moyenne d'ordre p. Mais

$$\left[\|\tilde{f}_\delta - \tilde{f}\|_p \to 0 \text{ quand } \delta \to 0\right] \iff \left[\|\tilde{f}_\delta - \tilde{f}_\varepsilon\|_p \to 0 \text{ quand } \varepsilon \text{ et } \delta \to 0\right].$$

Le principe de la démonstration est de décomposer f en somme de deux fonctions de sorte que si on a $f = g + h$ alors $\|h\|_p$ soit petite et $\|\tilde{g}_\varepsilon - \tilde{g}_\delta\|_p \to 0$ quand $\varepsilon, \delta \to 0$. En effet on a alors:

$$\overline{\lim_{\varepsilon,\delta\to 0}} \|\tilde{f}_\varepsilon - \tilde{f}_\delta\|_p \leq 2A_p\|h\|_p \quad \text{qui peut être rendu arbitrairement petit.}$$

Alors approchons f en moyenne d'ordre p par une fonction g indéfiniment dérivable et à support compact ($g \in C_0^\infty$).

Soit de plus $\varphi \in C_0^\infty$, φ paire et $\varphi(0) = 1$.

Alors, à cause de la parité de φ, on a,

$$\tilde{g}_\varepsilon(x) = \int_{|x-t|\geq\varepsilon} \frac{g(t)-g(x)\varphi(x-t)}{x-t}\, dt.$$

Supposons que les supports de g et de φ soient contenus dans l'intervalle $[-A,A]$. La fonction $t \rightsquigarrow g(t)-g(x)\varphi(x-t)$ est nulle pour $t = x$ et a une dérivée bornée. Le théorème des accroissements finis donne alors: $|g(t) - g(x)\varphi(x-t)| \leq M|x-t|$.

Par suite, pour $|x| \leq 2A$, on a

$$|\tilde{g}_\varepsilon(x)| \leq \int_{-3A}^{3A} \frac{|g(t)-g(x)\varphi(x-t)|}{|x-t|}\, dt \leq 6AM.$$

D'autre part, pour $|x| > 2A$, on a

$$|\tilde{g}_\varepsilon(x)| \leq \int_{|x-t|\geq\varepsilon} \left|\frac{g(t)}{x-t}\right| dt \leq \frac{1}{|x|-A} \int |g(t)|\, dt \leq \frac{B}{|x|}$$

où B est une certaine constante positive.

De ces deux majorations, on déduit $|\tilde{g}_\varepsilon(x)| \leq \frac{N}{1+|x|}$ où N est une constante bien choisie en fonction de A, B, M.

Or $p > 1 \Longrightarrow x \rightsquigarrow \frac{N}{1+|x|} \in L^p$. Alors la démonstration s'achève en utilisant le théorème de la convergence dominée de Lebesgue.

CHAPITRE III - TRANSFORMEE DE HILBERT DANS LE CAS DE PLUSIEURS VARIABLES (noyaux impairs)

III.1 - Extension des résultats du chapitre II

On se place dans E_n et on se propose d'examiner $\tilde{f} = f * K = \lim_{\varepsilon \to 0} \tilde{f}_\varepsilon$ où K est homogène et de degré $(-n)$ et où $\tilde{f}_\varepsilon(x) = \int_{|y| \geq \varepsilon} f(x-y)K(y)dy$.

Rappelons que si $\Omega \in L(\Sigma)$ et $f \in L^p$ $p \geq 1$ alors $\tilde{f}_\varepsilon$ existe presque partout et l'intégrale définissant $\tilde{f}_\varepsilon$ est même absolument convergente p.p.

Théorème 11: Si Ω est impaire, $\Omega \in L(\Sigma)$, $f \in L^p$ $(p > 1)$. Alors $\|\tilde{f}_\varepsilon\|_p \leq \frac{1}{2} A_p \|\Omega\|_1 . \|f\|_p$ où A_p est la même constante que celle du théorème de Riesz.

Preuve: Nous emploierons la méthode dite des rotations.
L'intégrale donnant $\tilde{f}_\varepsilon$ étant absolument convergente presque partout, on a en posant $\rho = |y|$, $y = \rho y'$ et en tenant compte de l'imparité de Ω:

$$\tilde{f}_\varepsilon(x) = \int_\Sigma \Omega(y')\left(\int_\varepsilon^\infty \frac{f(x-\rho y')}{\rho} d\rho\right)dy' = \frac{1}{2}\int_\Sigma \Omega(y')\left(\int_\varepsilon^{+\infty} \frac{f(x-\rho y')-f(x+\rho y')}{\rho} d\rho\right)dy'$$

puis en utilisant l'inégalité de Minkowski:

$$\|\tilde{f}_\varepsilon\|_p \leq \frac{1}{2}\int_\Sigma |\Omega(y')| . \left\|\int_\varepsilon^\infty \frac{f(x-\rho y')-f(x+\rho y')}{\rho} d\rho\right\|_p dy'.$$

Fixons y' sur Σ et étudions

$$I = \left\|\int_\varepsilon^\infty \frac{f(x-\rho y')-f(x+\rho y')}{\rho} d\rho\right\|_p^p = \int_{E_n}\left|\int_\varepsilon^\infty \frac{f(x-\rho y')-f(x+\rho y')}{\rho} d\rho\right|^p dx$$

y' définit une direction de droite L_0; soit M l'hyperplan orthogonal à L_0. Par x menons la parallèle L_ξ à L_0 qui coupe M en ξ. Alors l'intégrale multiple I peut se calculer comme suit si l'on pose $x = \xi + ty'$

$$I = \int_M d\xi \int_{-\infty}^{+\infty} dt \left| \int_\varepsilon^\infty \frac{f[\xi+(t-\rho)y']-f[\xi+(t+\rho)y']}{\rho} d\rho \right|^p .$$

Considérons l'application $\varphi : R \to R$ définie par $\varphi(u) = f(\xi+uy')$ alors

$$\int_\varepsilon^\infty \frac{f[\xi+(t-\rho)y']-f[\xi+(t+\rho)y']}{\rho} d\rho = \int_\varepsilon^\infty \frac{\varphi(t-\rho)-\varphi(t+\rho)}{\rho} d\rho = \tilde{\varphi}_\varepsilon(t)$$

par suite $\int_{-\infty}^{+\infty} dt \mid \ \mid^p = \|\tilde{\varphi}_\varepsilon\|_p^p \leq A_p^p \|\varphi\|_p^p$ d'après le théorème 10 (théorème de M. Riesz du chapitre II).

Alors $\quad I \leq A_p^p \int_M d\xi \int_{-\infty}^{+\infty} |f(\xi+uy')|^p du = A_p^p \|f\|_p^p$

d'où le résultat annoncé: $\|\tilde{f}_\varepsilon\|_p \leq \frac{1}{2} A_p \|\Omega\|_1 \|f\|_p$.

<u>Théorème 12</u>: K impair, $f \in L^p$ $(p > 1)$.

Alors $\lim_{\varepsilon,\delta\to 0} \|\tilde{f}_\varepsilon - \tilde{f}_\delta\|_p = 0$

en particulier, $\exists \tilde{f} \in L^p$ t.q. $\lim_{\varepsilon\to 0} \|\tilde{f}_\varepsilon - \tilde{f}\|_p = 0$.

<u>Preuve</u>: La démonstration est semblable à celle faite dans le cas $n = 1$. On peut approcher f dans L^p par une fonction $g \in C_0^\infty$. On considère une fonction $\varphi \in C_0^\infty$, radiale $(\varphi(x) = \psi(|x|))$ et telle que $\varphi(0) = 1$.

Alors comme dans le cas $n = 1$, il existe une constante N, positive, indépendante de ε et telle que $|\tilde{g}_\varepsilon(x)| \leq \frac{N}{1+|x|^n} \in L^p$ $(p > 1)$; ce qui permet d'achever la démonstration comme dans le cas $n = 1$.

<u>III .2 - Quelques mots sur le cas général</u>

Dans le cas général, on peut décomposer K en sa partie paire et sa partie impaire. Lorsque K est pair, on a le théorème suivant que l'on démontrera plus tard (cf. chapitre V).

<u>Théorème</u>: K pair, $\Omega \in L \operatorname{Log}^+ L(\Sigma)$.

Alors $\|\tilde{f}_\varepsilon\|_p \leq B_p \|f\|_p$ $p > 1$ et $\lim_{\varepsilon,\delta\to 0} \|\tilde{f}_\varepsilon - \tilde{f}_\delta\|_p = 0$.

La condition $\Omega \in L \operatorname{Log}^+ L(\Sigma)$ qui signifie:

$$\int_\Sigma |\Omega(x')| \Omega(x')| \operatorname{Log}^+ |\Omega(x')| dx' < \infty$$

ne peut être affaiblie. En particulier $\Omega \in L(\Sigma)$ ne suffit pas; par contre, si $r > 1$, $\Omega \in L^r(\Sigma)$ entraine $\Omega \in L \operatorname{Log}^+ L(\Sigma)$.

Contre exemple: $n = 2$, Ω mesure discrète: aux points 1 et -1 on a des masses unités, aux points i et $-i$ on a des masses (-1).

Alors, x étant complexe, $I = \int f(x-y) \frac{\Omega(dy')}{|y|^2} dy = \int f(x-\rho e^{i\theta}) \frac{\Omega(d\theta)}{\rho} d\rho\, d\theta$,

soit $I = \int_0^\infty \frac{1}{\rho}[f(x-\rho) + f(x+\rho) - f(x-i\rho) - f(x+i\rho)] d\rho$.

Posons alors $x = \xi + i\eta$ est supposons que f ne dépende que de ξ:

$f(x) = f(\xi,\eta) = f(\xi)$; alors $I = \int_0^{+\infty} \frac{1}{\rho}[f(\xi-\rho) + f(\xi+\rho) - 2f(\xi)] d\rho$.

C'est une intégrale quasi-singulière qui peut diverger partout, même si f est continue (voir S. Kaczmarz, Studia Math. 3, 1931, 189-99).

Pour des résultats plus complets voir Mary Weiss et A. Zygmund, Studia Math. 26, 1966, 101-111.

III.3 - Cas des noyaux "variables"

Jusqu'ici nous n'avons envisagé que des noyaux "constants" K où $z \rightsquigarrow K(z)$ ne dépend pas de x.

Mais dans les équations différentielles à coefficients non constants s'introduisent des noyaux "variables": $K_x(Z) = \frac{\Omega_x(Z)}{|Z|^n}$.

Théorème 13: Si i) $\forall x$ l'application $z \rightsquigarrow K_x(z)$ est impaire

ii) $\sup_x |\Omega_x(z)| \leq \Omega^*(z)$ et $\int_\Sigma \Omega^*(Z') dZ' < \infty$

iii) $f \in L^p$ $p > 1$.

Alors $\tilde{f}_\varepsilon(x) = \int_{|x-y| \geq \varepsilon} f(y) K_x(x-y) dy$ existe presque partout et

$\|\tilde{f}_\varepsilon\|_p \leq \frac{1}{2} A_p \|\Omega^*\|_1 \|f\|_p$ et $\lim_{\varepsilon,\delta \to 0} \|\tilde{f}_\varepsilon - \tilde{f}_\delta\|_p = 0$.

Preuve: La démonstration est identique à celle donnée dans le cas des noyaux "constants" mais on majorera ici $|\Omega_x(y')| \leq |\Omega^*(y')|$ (voir A.P. Calderón et A. Zygmund, American Journal of Math. 78, 1956, 289-309).

CHAPITRE IV - APPLICATIONS DE LA TRANSFORMATION DE FOURIER AUX INTEGRALES SINGULIERES

IV.1 - Rappels

a) Soit f définie sur E_n; l'intégrale de Fourier de f est, formellement, $\hat{f}(x) = (Ff)(x) = \int f(y)e^{-2\pi i(x.y)}dy$ où $(x.y)$ désigne le produit scalaire dans E_n.

b) Si $f \in L^1$, $\hat{f}$ est continue, bornée et tend vers zéro à l'infini.

c) Si $f \in L^2$, on peut définir $\hat{f}$ dans L^2, de la manière suivant: soit f_R la fonction qui vaut $f(x)$ pour $|x| \leq R$, zéro sinon; alors $f_R \in L^1$ et on peut définir $\hat{f}_R$ par $\int f_R(y)e^{-2\pi i(x.y)}dy = \hat{f}_R(x)$. On peut alors montrer l'existence d'une fonction, soit $\hat{f}$, $\hat{f} \in L^2$, et $\lim\limits_{R\to\infty} \|\hat{f}-\hat{f}_R\|_2 = 0$. On a toujours $\|f\|_2 = \|\hat{f}\|_2$ (formule de Parseval-Plancherel). Il en résulte que si $f_n \xrightarrow{L^2} f$ alors $\hat{f}_n \xrightarrow{L^2} \hat{f}$.

d) Il est important de remarquer que si $g \in L^1$ et $f \in L^1$ (resp. $f \in L^2$) alors $f * g = h \in L^1$ (resp. $h \in L^2$) et $\hat{h} = \hat{f}.\hat{g}$.

e) On peut définir, dans un sens à préciser, une formale réciproque: $f(y) = \int \hat{f}(x)e^{2\pi i(x.y)}dx = (F^*\hat{f})(y)$ (Par exemple si $f \in L^1$, alors $f(y) = \lim\limits_{\varepsilon\to 0} \int \hat{f}(x)e^{2\pi i(x.y)}e^{-\varepsilon|x|}dx$).

f) Remarque: si $f \in L^p$ $1 < p < 2$, on peut écrire $f = f_1+f_2$ où $f_1 \in L^1$ et $f_2 \in L^2$ et on peut définir $\hat{f} = \hat{f}_1 + \hat{f}_2$ indépendamment de la décomposition de f. On peut, par exemple, poser $f_1 = f$ si $|f| > 1$, 0 sinon.

IV.2 - Transformée de Fourier du noyau

Rappelons que l'on a posé $K(x) = \frac{\Omega(x')}{|x|^n}$ pour $x \neq 0$ avec $x' = \frac{x}{|x|}$ de plus $\Omega \in L^1(\Sigma)$ et $\int_\Sigma \Omega(x')dx' = 0$.

Soit $K_{\varepsilon,\eta}$ le noyau tronqué: $K_{\varepsilon,\eta}(x) = \begin{cases} K(x) \text{ si } \varepsilon \leq |x| \leq \eta \\ 0 \text{ sinon} \end{cases}$

alors $K_{\varepsilon,\eta} \in L^1$ et si $\tilde{f}_{\varepsilon,\eta} = f * K_{\varepsilon,\eta}$, si $f \in L^2$, alors $\tilde{f}_{\varepsilon,\eta} \in L^2$,

$$\|\tilde{f}_{\varepsilon,\eta}\|_2 \leq \|K_{\varepsilon,\eta}\|_1 \cdot \|f\|_2 \quad \text{et} \quad (f_{\varepsilon,\eta})\hat{} = \hat{f}.\hat{K}_{\varepsilon,\eta}.$$

Lemme 8: Supposons Ω borné.

Alors 1) $\hat{K}_{\varepsilon,\eta}$ est borné en x, uniformément en ε et η

2) si $\varepsilon \to 0$ et $\eta \to +\infty$ (simultanément ou successivement), il existe une fonction $\hat{K}$ t.q. $\hat{K}_{\varepsilon,\eta}(x) \to \hat{K}(x)$ simplement, pour $x \neq 0$.

Preuve: posons $|x| = r$, $|y| = \rho$, $(x.y) = r\rho\cos\varphi$; de plus $dy = \rho^{n-1}d\rho dy'$

alors $\hat{K}_{\varepsilon,\eta}(x) = \int_{\varepsilon \leq |y| \leq \eta} K(y)e^{-2\pi i(x.y)}dy = \int_{\Sigma} \Omega(y')\{\int_{\varepsilon}^{\eta} e^{-2\pi i\rho r\cos\varphi} \frac{d\rho}{\rho}\}dy'$

et pour $r \neq 0$ $\hat{K}_{\varepsilon,\eta}(x) = \int_{\Sigma} \Omega(y') \{\int_{\varepsilon r}^{\eta r} e^{-2\pi i\rho\cos\varphi} \frac{d\rho}{\rho}\}dy'$.

Soit g définie par $g(\rho) = 1$ si $0 < \rho < 1$ et $g(\rho) = 0$ si $\rho > 1$.

Alors $\int_{\Sigma} \Omega(y')dy' = 0 \Longrightarrow \hat{K}_{\varepsilon,\eta}(x) = \int_{\Sigma} \Omega(y')\{\int_{\varepsilon r}^{\eta r} [(\exp -2\pi i\rho\cos\varphi) - g(\rho)]\frac{d\rho}{\rho}\}dy'$.

Posons $I = \{\ \}$ et prouvons que $|I| \leq 2 \operatorname{Log} \frac{1}{|\cos\varphi|} + C$

pour $\cos\varphi \neq 0$, $C > 0$.

Supposons d'abord $\varepsilon r \leq 1 \leq \eta r$

$$I = \int_{\varepsilon r}^{1} \frac{\exp(-2\pi i\rho\cos\varphi)-1}{\rho} d\rho + \int_{1}^{\eta r} \exp(-2\pi i\rho\cos\varphi)\frac{d\rho}{\rho} = I_1 + I_2.$$

Remarque que $|1 - e^{it}| \leq |t|$, par suite $I_1 \leq 2\pi$.

Pour I_2 on a $I_2 = \int_{\cos\varphi}^{\eta r\cos\varphi} e^{-2\pi i\rho}\frac{d\rho}{\rho}$. Alors si $\eta r \cos\varphi > 1$ il vient:

$$|I_2| \leq \int_{\cos\varphi}^{1} \frac{dx}{x} + |\int_{1}^{\eta r\cos\varphi} e^{-2\pi i\rho} \frac{d\rho}{\rho}| \leq \operatorname{Log} \frac{1}{\cos\varphi} + C_1$$

où $C_1 = \operatorname{Sup}_R |\int_{1}^{R} \frac{e^{2\pi ix}}{x}dx|$.

Si $0 < \eta r \cos\varphi \leq 1$ $|I_2| \leq \int_{\cos\varphi}^{1} \frac{dx}{x} = \operatorname{Log} \frac{1}{\cos\varphi}$

on a un résultat analogue pour $\cos\varphi < 0$, alors on peut dire

$$\varepsilon r \leq 1 \leq \eta r \Longrightarrow |I| \leq \operatorname{Log}|\frac{1}{\cos\varphi}| + C_1 + 2\pi.$$

Si $\varepsilon r > 1$, $I = \int_{\varepsilon r}^{\eta r} = \int_{1}^{\eta r} - \int_{1}^{\varepsilon r} \Longrightarrow |I| \leq 2 \operatorname{Log}|\frac{1}{\cos\varphi}| + 2C_1$.

Si $\eta r < 1$, $I = \int_{\varepsilon r}^{1} - \int_{\eta r}^{1} \Longrightarrow |I| \leq 4\pi$.

Alors dans tous les cas $|I| \leq 2 \operatorname{Log} \frac{1}{|\cos\varphi|} + C$ où on peut prendre $C = 4\pi + 2C_1$. I étant majorée par une fonction intégrable sur Σ et Ω étant bornée, la fonction $\widehat{K_{\varepsilon,\eta}}$ est bornée indépendamment de ε et de η.

La deuxième partie du lemme est conséquence du fait que I converge pour $\varphi \neq \frac{1}{2}\pi$ lorsque $\varepsilon \to 0$ et $\eta \to \infty$ et que I est dominée par une fonction intégrable sur Σ, indépendante de ε et η.

Inégalités d'Young. Rappelons:

Soient φ et ψ fonctions continues, strictement croissantes, réciproques l'une de l'autre et telles que $\varphi(0) = \psi(0) = 0$. Alors

$$\forall u, v \geq 0, \; uv \leq \int_0^u \varphi(s)ds + \int_0^v \psi(t)dt \leq u\varphi(u) + v\psi(v).$$

Prenant maintenant $\varphi(u) = \operatorname{Log}(1+u) \Longrightarrow \psi(v) = e^v - 1$, on obtient $\forall u,v \geq 0$, $uv \leq u \operatorname{Log}(1+u) + v(e^v-1) \leq u \operatorname{Log}(1+u) + ve^v$.

Remarque importante:

Dans la démonstration du lemme 8 on a utilisé uniquement le fait que $\int_\Sigma |\Omega(y')| \operatorname{Log}|\frac{1}{\cos\varphi}| dy' < \infty$. Pour cela il suffit qu'il existe $p > 1$ tel que $\Omega \in L^p(\Sigma)$. Donnons même une condition moins restrictive.

Utilisant alors l'inégalité d'Young avec $u = |\Omega(y')|$, $v = \lambda \operatorname{Log}|\frac{1}{\cos\varphi}|$ où λ est un nombre strictement positif dont on se réserve le choix, il vient $|\Omega(y')| \operatorname{Log}|\frac{1}{\cos\varphi}| \leq \frac{1}{\lambda} |\Omega(y')| \operatorname{Log}(1+|\Omega(y')|) + \frac{1}{|\cos\varphi|^\lambda} \operatorname{Log}|\frac{1}{\cos\varphi}|$.

Or pour λ assez petit, $\frac{1}{|\cos\varphi|^\lambda} \operatorname{Log}|\frac{1}{\cos\varphi}|$ est intégrable sur Σ, il suffit donc d'assurer que $|\Omega| \operatorname{Log}(1+|\Omega|) \in L(\Sigma)$, ou ce qui est équivalent, car Σ est compacte, que $|\Omega| \operatorname{Log}^+|\Omega| \in L(\Sigma)$. On a donc le lemme.

Lemme 8 bis: $\Omega \in (L\,\mathrm{Log}^+L)(\Sigma)$, $\int_\Sigma \Omega(x')dx' = 0$; alors $\widehat{K_{\varepsilon,\eta}}(x)$ est borné en x, uniformément en ε,η et converge simplement (pour $x \neq 0$) vers une fonction $\hat{K}$.

Théorème 14: Supposons $\Omega \in (L\,\log^+L)(\Sigma)$ et $\int_\Sigma \Omega(x')dx' = 0$.

Alors $\forall f \in L^2, \exists \tilde{f} \in L^2$ telle que $\lim_{\substack{\varepsilon\to 0\\ \eta\to\infty}} \|\tilde{f}_{\varepsilon,\eta} - \tilde{f}\|_2 = 0$.

On a de plus $(\tilde{f})^\wedge = \hat{K}.\hat{f}$ et $\|\tilde{f}\|_2 \leq M\|f\|_2$ où $M = \sup_x |\hat{K}(x)|$.

Preuve: Soit $\tilde{f}$ la fonction de L^2 définie par $(\tilde{f})^\wedge = \hat{K}.\hat{f}$.

Alors $(\tilde{f} - \tilde{f}_{\varepsilon,\eta})^\wedge = \hat{f}(\hat{K} - \hat{K}_{\varepsilon,\eta})$ et il en résulte que

$\|\tilde{f} - \tilde{f}_{\varepsilon,\eta}\|_2 = \|(\tilde{f} - \tilde{f}_{\varepsilon,\eta})^\wedge\|_2 = \|\hat{f}(\hat{K} - \hat{K}_{\varepsilon,\eta})\|_2$.

Mais $|\widehat{K_{\varepsilon,\eta}}| \leq M$ et $\hat{K}_{\varepsilon,\eta}(x) \to \hat{K}(x)$ $x \neq 0$. Alors par le théorème de convergence dominée de Lebesgue $\|\hat{f}(\hat{K} - \hat{K}_{\varepsilon,\eta})\|_2 \to 0$ quand $\varepsilon \to 0$, $\eta \to +\infty$.

La majoration résulte de: $\|\tilde{f}\|_2 = \|(\tilde{f})^\wedge\|_2 = \|\hat{K}\hat{f}\|_2 \leq M\|\hat{f}\|_2 = M\|f\|_2$.

Théorème 15:

$$(1) \qquad \hat{K}(x) = \int_\Sigma \Omega(y')\{\mathrm{Log}\left|\frac{1}{\cos\varphi}\right| - \frac{i\pi}{2}\ \mathrm{sgn}(\cos\varphi)\}dy'$$

où $\mathrm{sgn}(\cos\varphi)$ désigne le signe de $\cos\varphi$: $\mathrm{sgn}(\cos\varphi) = \begin{cases} 1 \text{ si } \cos\varphi > 0 \\ 0 \text{ si } \cos\varphi = 0 \\ -1 \text{ si } \cos\varphi < 0 \end{cases}$

Preuve: La fonction $\hat{K}$ a été définie par

$$\hat{K}(x) = \lim_{\lambda\to 0} \int_\Sigma \Omega(y')\left[\int_\lambda^\infty \frac{e^{-2\pi i\rho\cos\varphi}}{\rho}d\rho\right]dy'.$$

L'expression entre crochets se met sous la forme $R + iI$ où R et I sont réels. Il est immédiat, par changement de variable, que

$$\lim_{\lambda\to 0} I = -\mathrm{sgn}(\cos\varphi)\int_0^{+\infty}\frac{\sin u}{u}du = -\frac{\pi}{2}\ \mathrm{sgn}(\cos\varphi).$$

Quant à R, on peut l'écrire:

$$R = \int_{2\pi\lambda|\cos\varphi|}^{+\infty}\frac{\cos t}{t}dt = \int_1^\infty \frac{\cos t}{t}dt + \int_{2\pi\lambda|\cos\varphi|}^1 \frac{\cos t - 1}{t}dt + \int_{2\pi\lambda|\cos\varphi|}^1 \frac{dt}{t}$$

d'où $R = \mathrm{Log}\left|\frac{1}{\cos\varphi}\right| + A(\lambda) + \int_{2\pi\lambda|\cos\varphi|}^{1} \frac{\cos t - 1}{t}\,dt$ alors utilisant le fait que $\int_{\Sigma} \Omega(x')dx' = 0$, on a partie réelle de $\hat{K}$

$$= \int_{\Sigma}\Omega(y')\mathrm{Log}\left|\frac{1}{\cos\varphi}\right| + \lim_{\lambda\to 0}\int_{\Sigma}\Omega(y')\left[\int_{2\pi\lambda|\cos\varphi|}^{1}\frac{\cos t-1}{t}\,dt\right]dy'$$

il suffit alors de remarquer que l'on peut passer à la limite sous le signe $\int$ grâce au théorème de convergence dominée.

Remarques

- Cette formule peut servir de point de départ pour l'étude des intégrales singulières.
- $\hat{K}$ est homogène de degré zéro: $\hat{K}(x) = \hat{K}(x')$ $(x \neq 0)$.
  Ceci résulte de la propriété plus générale: f définie sur E_n homogène de degré $(-\alpha)$, alors $\hat{f}$ est homogène de degré $(-n+\alpha)$ car
  $$\hat{f}(\lambda x) = \int f(y)e^{-2i\pi(\lambda x,y)}dy = \int f(y)e^{-2i\pi(x,\lambda y)}dy = \int \lambda^{\alpha}f(t)e^{-2\pi i(x,t)}\frac{dt}{\lambda^n} = \frac{1}{\lambda^{n-\alpha}}\hat{f}(x).$$
- Si $\Omega \in (L\,\mathrm{Log}^+L)(\Sigma)$, alors $\hat{K}$ est borné
  ceci résulte immédiatement du lemme 8 bis: $|\hat{K}_{\varepsilon,\eta}| \leq M$.
- $\int_{\Sigma}\hat{K}(x')dx' = 0$
  en effet $\int_{\Sigma}\hat{K} = \int_{\Sigma}dx'\int_{\Sigma}\Omega(y')\{\mathrm{Log}\frac{1}{|\cos\varphi|} - \frac{\pi i}{2}\,\mathrm{sgn}\cos\varphi\}dy'$, soit encore
  $\int_{\Sigma}\hat{K} = \int_{\Sigma}\Omega(y')\left[\int_{\Sigma}\mathrm{Log}\frac{1}{|\cos\varphi|} - \frac{\pi i}{2}\,\mathrm{sgn}(\cos\varphi)dx'\right]dy'$; mais le [ ] ne dépend évidemment pas de y' et on a donc $\int_{\Sigma}\hat{K} = \int_{\Sigma}C\Omega(y')dy' = 0$.
- Si K est impair, $\hat{K}(x) = -\frac{\pi i}{2}\int_{\Sigma}\Omega(y')\,\mathrm{sgn}(\cos\varphi)dy' = -\pi i\int_{\Sigma^+(x)}\Omega(y')dy'$
  où $\Sigma^+(x)$ désigne l'hémisphère où $\cos\varphi \geq 0$.

On appelle souvent $\hat{K}(x)$ le <u>symbole</u> du noyau $K(x)$.

IV.3 - Applications

a) Cas classique $n = 1$.

Soit $\tilde{f}(x) = \frac{1}{\pi}\int_{-\infty}^{+\infty} \frac{f(t)dt}{x-t} = (Hf)(x)$.

Le facteur $\frac{1}{\pi}$ a été introduit pour des raisons de normalisation.

Soit $f \in L^2$, alors $(\tilde{f})^\wedge(x) = \hat{f}(x).(\frac{1}{\pi y})^\wedge(x) = \hat{f}(x)(-i\,\mathrm{sgn}x)$

en effet $(\frac{1}{y})^\wedge (x) = \text{V.P.}\int \frac{1}{y} e^{-2\pi ixy}dy = -\pi i \text{ sgn } x$;

alors $\|\tilde{f}\|_2 = \|(\tilde{f})^\wedge\|_2 = \|\hat{f}\|_2 = \|f\|_2$ et $H^2f = -f$ d'où $H\tilde{f} = -f$

donc $f(x) = -\frac{1}{\pi}\int \frac{\tilde{f}(y)}{x-y} dy$.

Cette dernière formule, démontrée dans le cas où $f \in L^2$, reste encore valable si $f \in L^p$ $(p > 1)$ car elle est vraie si f est bornée à support compact et H est continue.

b) Cas $n = 2$ (considéré pour la première fois par Tricomi).

Nous bénéficions ici de la théorie des séries de Fourier. Dans cette perspective, étudions le développement de la fonction

$\varphi \longrightarrow \text{Log}|\frac{1}{\cos\varphi}| - \frac{i\pi}{2} \text{ sgn}(\cos\varphi)$.

$\text{Log}(1-z) = -\sum_{m=1}^{\infty} \frac{z^m}{m}, |z| \leq 1 \quad z \neq 1$ pour $z = e^{2i\varphi}$ et en prenant les parties réelles: $\text{Log}|2\sin\varphi| = -\sum' \frac{e^{2i\mu\varphi}}{|2\mu|} \Rightarrow \text{Log}|\frac{1}{2\cos\varphi}| = \sum' \frac{e^{2i\mu\varphi}(i)^{2\mu}}{|2\mu|}$

soit enfin: $\text{Log}|\frac{1}{2\cos\varphi}| = \sum' \frac{e^{2i\mu\varphi}(-i)^{|2\mu|}}{|2\mu|}$.

D'autre part $\text{sgn}(\sin\varphi) = \frac{4}{\pi}\left[\sin\varphi + \frac{\sin 3\varphi}{3} + \ldots + \frac{\sin(2\nu+1)\varphi}{2\nu+1} + \ldots\right]$

soit $\text{sgn}(\sin\varphi) = -\frac{2i}{\pi}\sum_{\nu \text{ impair}} \frac{e^{i\nu\varphi}}{\nu}$ d'où $-\frac{\pi i}{2}\text{ sgn}(\cos\varphi) =$

$$\sum_{\nu \text{ impair}} \frac{e^{i\nu\varphi}(-i)^{|\nu|}}{|\nu|}.$$

Alors en regroupant:

$$\boxed{\log|\frac{1}{\cos\varphi}| - \frac{\pi i}{2}\text{ sgn}(\cos\varphi) = \text{Log}2 + \sum' \frac{e^{im\varphi}}{|m|}(-i)^{|m|}.}$$

Il sera commode d'utiliser la variable complexe $(x_1,x_2) \sim x_1+ix_2 = \rho e^{i\theta}$

$$\hat{K}(x) = \int_{\Sigma} \Omega(y')G(\varphi)dy' \qquad \text{où} \quad G(\varphi) = \text{Log}\left|\frac{1}{\cos\varphi}\right| - \frac{\pi i}{2}\,\text{sgn}(\cos\varphi)$$

Σ est ici le cercle unité et $\hat{K}$ étant homogène de degré, $\hat{K}$ ne dépend que de Θ.

Alors $\hat{K}(\Theta) = \int_0^{2\pi} \Omega(t)G(\Theta - t)dt.$

Soient $\Omega(\Theta) \sim \sum{}' c_m e^{im\Theta}$ ($c_0 = 0$ car $2\pi c_0 = \int_{\Sigma} \Omega(\Theta)d\Theta = 0$)

et $G(\varphi) \sim \sum{}' \frac{1}{|m|}(-i)^{|m|} e^{im\varphi} + \text{Log } 2.$

Alors $\hat{K}(\Theta) \sim 2\pi \sum{}' c_m \frac{(-i)^{|m|}}{|m|} e^{im\Theta}.$

Cela montre que $\hat{K}$ est lié à la série intégrée de celle de Ω, on ne peut donc espérer que toute fonction 2π-périodique de valeur moyenne nulle soit la transformée de Fourier (symbole) d'un noyau. Cependant:

<u>Théorème 16</u>: Toute fonction 2π-périodique, de valeur moyenne nulle et de classe C^2 est le symbole d'un noyau dont la caractéristique est continue.

<u>Preuve</u>: Soit $\varphi \in C^2$, $\varphi = \sum{}' \gamma_m e^{im\Theta} = 2\pi \sum{}' \frac{1}{2\pi} \frac{\gamma_m |m|}{(-i)^{|m|}} \frac{(-i)^{|m|}}{|m|} e^{im\Theta}.$

Posons alors $\Omega = \sum{}' c_m e^{im\Theta}$ où $c_m = \frac{1}{2\pi} \frac{\gamma_m |m|}{(-i)^{|m|}}$

$\varphi \in C^2 \Longrightarrow \varphi'' \in L^2(0,2\pi) \Longrightarrow \sum{}' |m^2 \gamma_m|^2 < \infty$.

Alors $\sum{}' |c_m| = \frac{1}{2\pi} \sum{}' |m\gamma_m| = \frac{1}{2\pi} \sum{}' |m^2 \gamma_m| \cdot \frac{1}{|m|} \leq \frac{1}{2}(\sum{}' |m^2\gamma_m|^2)^{\frac{1}{2}} \cdot (\sum{}' \frac{1}{|m|^2})^{\frac{1}{2}} < \infty.$

Il en résulte que la série définissant Ω converge absolument et uniformément, d'où le résultat.

<u>Remarque</u>: L'hypothèse $\varphi \in C^2$ est un peu trop forte et peut être réduite. Mais en tout cas l'hypothèse $\varphi \in C^1$ ne suffit pas.

<u>Théorème 17:</u> $\hat{K}(\Theta)$ est continu.

<u>Preuve</u>: L'idée est de décomposer $\hat{K}$ en la somme d'une fonction manifestement continue et d'une fonction dont la norme uniforme peut être rendue arbitrairement petite

$$\hat{K} = \Omega * G \quad \text{où} \quad G(\varphi) = \text{Log}\left|\frac{1}{\cos\varphi}\right| - \frac{\pi i}{2}\,\text{sgn}(\cos\varphi) = g + h;$$

h bornée, Ω sommable $\Omega * h$ continue; occupons nous de $\Omega * g$, d'après Young, $a,b,\lambda>0 \Longrightarrow ab \leq \lambda\, a \operatorname{Log}(1+\lambda a) + (e^{b/\lambda} - 1)$.

Or $\Omega \in L \log^+ L$ et $e^{|g|/\lambda}$ est sommable pour $\lambda > 1$.

Soient $F_n = \{\Theta; |\Omega(\Theta)| > n\}$ et χ_n sa fonction caractéristique, décomposons $\Omega = \chi_n\Omega + (1-\chi_n)\Omega$ alors $(1-\chi_n)\Omega$ est bornée et g est sommable donc $(1-\chi_n)\Omega * g$ est continue. Posons $f_n = \chi_n\Omega * g$ et montrons que $\|f_n\|_\infty$ peut être rendue arbitrairement petite

$$|f_n(x)| \leq \int_\Sigma (|\Omega|\chi_n)(x-y)|g(y)|dy \leq \underbrace{\lambda\int_\Sigma [|\Omega|\chi_n \log(1+|\Omega\chi_n\lambda|)](x-y)dy}_{A} + \underbrace{\int_\Sigma (e^{|g|/\lambda}-1)(y)dy}_{B}$$

d'après Young:

$e^{|g|/\lambda}-1 \to 0$ en décroissant lorsque $\lambda \to +\infty \Longrightarrow \int_\Sigma (e^{|g|/\lambda}-1)(y)dy \to 0$.

Soit $\varepsilon > 0$, fixons $\lambda > 1$ t.q. $|B| \leq \frac{\varepsilon}{2}$.

Alors $A = \int_\Sigma \lambda[|\Omega\chi_n|\operatorname{Log}(1+|\Omega\chi_n\lambda|)]\,(u)du$ car $\Omega\chi_n$ est périodique

$\lambda > 1 \Longrightarrow A \leq \lambda\operatorname{Log}\lambda \int_\Sigma |\Omega\chi_n|(u)du + \lambda\int_\Sigma [|\Omega\chi_n|\operatorname{Log}(1+|\Omega\chi_n|)](u)du$

$\Omega \in (L\log^+L)(\Sigma) \Longrightarrow \Omega \in L(\Sigma) \Longrightarrow |\Omega|$ est fini p.p. $\Longrightarrow |\Omega|\chi_n \to 0$ p.p. quand $n \to +\infty$ puis $|\Omega|$ et $|\Omega| \operatorname{Log}(1+|\Omega|)$ sont des majorantes sommables $\Longrightarrow A \to 0$ quand $n \to \infty$.

<u>Noyau particulier</u>: $\Omega_m(\Theta) = \frac{1}{2\pi} e^{im\Theta} \frac{|m|}{(-i)^{|m|}}$ pour m fixé $m \in Z^*$

alors $\hat{K}_m(\Theta) = e^{im\Theta} = \lambda\Omega_m(\Theta)$.

Soit H_m la transformation correspondante $(H_m f)(z) = \frac{|m|}{2\pi(-i)^{|m|}} \cdot \iint f(z-\rho e^{it}) \frac{e^{imt}}{\rho}\, d\rho dt$.

Alors H_{-m} est la transformation réciproque de H_m et

$$H_m = (H_1)^m.$$

<u>Application</u>: Revenons au cas général: $Hf = f * K$.

$$\widehat{Hf} = \hat{f}.\hat{K} = \hat{f}\ 2\pi \sum{}' c_m \frac{(-i)^{|m|}}{|m|} e^{im\Theta} = 2\pi \sum{}' c_m \frac{(-i)^{|m|}}{|m|} \widehat{H_1^m f}$$

d'où $Hf = 2\pi \sum' c_m \frac{(-i)^{|m|}}{|m|} H_1^m f$ formellement et où H_1 est l'opérateur de la transformation de Riesz. Prouvons alors le:

<u>Théorème 18</u>: $f \in L^2 \Longrightarrow \| Hf - \sum_{m=-N}^{+N} 2\pi c_m \frac{(-i)^{|m|}}{|m|} R^m f \|_2 \to 0$ quand $N \to +\infty$.

<u>Preuve</u>: $\|(\ )\|_2 = \|\widehat{(\ )}\|_2 = \| \hat{f} \left[\hat{H} - \sum_{-N}^{+N} 2\pi \frac{c_m (-i)^{|m|}}{|m|} \widehat{R^m} \right] \|_2 \leq \|\hat{f}\|_2 . \|[\ ]\|_\infty$.

Or $\hat{K}$ est continue et $c_m = o(1) \Longrightarrow$ la série converge uniformément vers $\hat{H}$.

c) Cas générale $n > 2$: $\int_\Sigma \Omega(x')dx' = 0$; $f \in L^2$.

La fonction f considérée est scalaire, mais K peut être vectoriel: $K = (K_1, \ldots K_n)$; $f * K = (f * K_1, \ldots, f * K_n)$.

En particulier, considérons $K(x) = \frac{x'}{|x|^n} = \frac{x}{|x|^{n+1}}$ noyau de Riesz.

On a alors $f * K = Rf = (R_1 f, \ldots, R_n f)$ où $R_j f = \frac{x_j}{|x|^{n+1}} * f$.

<u>Théorème 19</u>: $\widehat{\left(\frac{x'_j}{|x|^n}\right)} = \gamma x'_j$ où γ est une constante ne dépendant que de n.

<u>Preuve</u>: le noyau est impair $\Longrightarrow \hat{K}(x) = -\pi i \int_{\Sigma^+(x)} \Omega(y')dy'$

écrivons la démonstration dans le cas $j = 1$

pour tout système $(z_1, \ldots, z_n)$ orthonormé on a:

$\Omega(y') = \cos(y', x_1) = \sum_{j=1}^{n} \cos(y', z_j) . \cos(z_j, x_1)$

prenons alors $(z_1, \ldots, z_n)$ orthonormé avec $z_1 = Ox'$. Alors

$\Omega(y') = \cos(y', x')\cos(x', x_1) + \sum_{j=2}^{n} \cos(y', z_j)\cos(z_j, x_1)$.

Seul le premier terme donne un résultat non nul après intégration

$\hat{K}(x) = -\pi i\, x'_1 \int_{\Sigma^+(x)} \cos(y', x') = -\pi i\, v_{n-1} x'_1$

où v_{n-1} représente le volume de la boule unité de E_{n-1}.

<u>Calcul de</u> v_{n-1}. Soient v_n le volume de la boule unité de E_n

w_n l'aire de la sphère unité de E_n

- $\frac{d}{dr}(v_n r^n) = w_n r^{n-1} \Longrightarrow w_n = n v_n$
- $I = \int e^{-|x|^2} dx = \left(\int_{-\infty}^{+\infty} e^{-t^2} dt\right)^n = (\sqrt{\pi})^n$

$$- \; I = \int_{\Sigma} d\sigma \int_0^{\infty} e^{-\rho^2} \rho^{n-1} d\rho = w_n \int_0^{+\infty} e^{-\rho^2} \rho^{n-1} d\rho = \frac{w_n}{2} \int_0^{\infty} e^{-u} \, u^{\frac{n}{2}-1} du = \frac{1}{2} w_n \Gamma(\tfrac{n}{2})$$

$$- \; w_n = \frac{2(\sqrt{\pi})^n}{\Gamma(\frac{n}{2})} \Longrightarrow v_n = \frac{(\sqrt{\pi})^n}{\frac{n}{2}\Gamma(\frac{n}{2})} = \frac{(\sqrt{\pi})^n}{\Gamma(1+\frac{n}{2})}$$

$$- \; \gamma = -\pi i v_{n-1} = -i \, \frac{\pi^{\frac{n+1}{2}}}{\Gamma(\frac{n+1}{2})} \, .$$

Alors on normalise la transformation en posant en fait:

$(Rf)(x) = \frac{1}{\gamma} \int f(x-y) \, \frac{y}{|y|^{n+1}} \, dy$, et on a le théorème suivant:

Théorème 20: $\sum_{j=1}^{n} R_j^2 = I$ où I désigne la transformation identique dans L^2.

Preuve: En effet $\widehat{(Rf)}(x) = \hat{f}(x)x'$, $\widehat{(R_j f)(x)} = \hat{f}(x)x_j'$

puis $\widehat{(R_j^2 f)(x)} = (\frac{x_j}{|x|})^2 \, \hat{f} \Longrightarrow \sum_{j=1}^{n} \widehat{(R_j^2 f)} = \hat{f} \Longrightarrow \sum_{j=1}^{n} R_j^2 f = f.$

CHAPITRE V - ETUDE DU CAS DU NOYAU PAIR

V.1 - Introduction

Soit K un noyau quelconque, $K(x) = \frac{\Omega(x')}{|x|^n}$, $\int_\Sigma \Omega(x')dx' = 0$.

On peut le décomposer en sa partie paire et sa partie impaire:

$K(x) = K'(x) + K''(x)$ où $K'(x) = \frac{1}{2}[K(x) + K(-x)]$, $K''(x) = \frac{1}{2}[K(x) - K(-x)]$.

Evidemment $\int_\Sigma K''(x')dx' = 0$; il en résulte que $\int_\Sigma K'(x')dx' = 0$.

Alors d'après les résultats précédents, on a:

$$\|K' * f\|_p < A_{p,K''}\|f\|_p \quad \text{pour} \quad f \in L^p,\ 1 < p < \infty.$$

Il ne nous reste plus qu'à examiner le cas où K est pair.

L'objet de ce chapitre est en fait de démontrer le théorème:

Théorème 21: Soit K pair, $K(x) = \frac{\Omega(x')}{|x|^n}$, $\int_\Sigma \Omega(x')dx' = 0$; supposons $\Omega \in L^q(\Sigma)$ $(q > 1)$ et posons $\tilde{f}_\varepsilon = f * K_\varepsilon$ où K_ε est le noyau tronqué:

$$K_\varepsilon(x) = \begin{cases} K(x) & \text{si } |x| \geq \varepsilon \\ 0 & \text{sinon.} \end{cases}$$

Alors: i) $\|\tilde{f}_\varepsilon\|_p \leq A_{p,q}\|\Omega\|_q\|f\|_p \qquad 1 < p < \infty$

ii) il existe $\tilde{f} \in L^p$ t.q. $\|\tilde{f}_\varepsilon - \tilde{f}\|_p \to 0$ quand $\varepsilon \to 0$

iii) $\|\tilde{f}\|_p \leq A_{p,q}\|\Omega\|_q\|f\|_p$.

Idées de la démonstration:

- Le point vraiment important est le point i), et il suffit de le montrer pour un ensemble de fonctions denses dans L^p, par exemple pour $f \in C_0^\infty$.
- On a vu que $R_j f = f * C \frac{x_j}{|x|^{n+1}}$ où C est une constante universelle convenable et que $\sum_{j=1}^n R_j^2 f = f$
- Alors formellement: $Kf = \sum_{j=1}^n R_j^2\, Kf = \sum_{j=1}^n [R_j(R_j K)] * f$ où R_j et $R_j K$ sont impairs et homogènes de degré $-n$ (cf lemmes 9 et 10 ci-dessous).

Remarque: Le résultat (convenablement modifié quant aux majorations numériques) subsiste dans ses parties essentielles si on suppose seulement $\Omega \in (L\ \mathrm{Log}^+ L)(\Sigma)$ (ce résultat ne peut être amélioré, voir Mary Weiss et A. Zygmund, Studia Mathematica 26, 1966, 101-111). De fait on aura par exemple:

i') $\|\tilde{f}_\varepsilon\|_p \leq A_p\left[\int_\Sigma |\Omega| \log^+ |\Omega| dx' + A\right] \|f\|_p$.

Avant de passer à la démonstration du théorème annoncé, établissons les quelques résultats préliminaires suivants.

V.2 - Lemmes préparatoires

Lemme 9: La convolée de deux fonctions f_1 et f_2, paires ou impaires, est

- paire si f_1 et f_2 ont la même parité
- impaire dans le cas contraire.

Preuve: $g(x) = f_1 * f_2(x) = \int f_1(y).f_2(x-y)dy$

$g(-x) = \int f_1(y)f_2(-x-y)dy = \int f_1(-y).f_2(-x+y)dy$ d'où le résultat.

Lemme 10: f_j homogène sur E_n, de degré α_j $j = 1,2$ alors $f_1 * f_2$ est homogène de degré $\alpha_1 + \alpha_2 + n$.

Preuve: $g(\lambda x) = \int f_1(y)f_2(\lambda x-y)dy = \int \lambda^{\alpha_1} f_1(t).\ \lambda^{\alpha_2} f_2(x-t)\lambda^n dt$

$= \lambda^{\alpha_1+\alpha_2+n} g(x)$ ($\lambda > 0$, on a posé $y = \lambda t$).

Lemme 11: $f \in L$, $\Omega \in L^q(\Sigma)$ $1 < q < \infty$ alors $R_j(K_\varepsilon f) = (R_j K_\varepsilon) * f$.

Preuve: Remarquons d'abord que $K_\varepsilon \in L^q$. En effet:

$$\int |K_\varepsilon(x)|^q dx = \int_{|x|\geq\varepsilon} |K(x)|^q dx = \int_\Sigma |\Omega(x')|^q \left[\int_\varepsilon^\infty \frac{d\rho}{\rho^{1+n(q-1)}}\right] dx' = B_\varepsilon \|\Omega\|_q^q < \infty.$$

On en déduit alors que $K_\varepsilon f = K_\varepsilon * f \in L^q$ $(L^q * L \subset L^q)$.

Par suite $R_j(K_\varepsilon f) = \lim_{\delta\to 0} R_{j\delta}(K_\varepsilon f)$ (limite dans L^q) où $R_{j\delta}$ est le noyau R_j tronqué à δ.

Or

$$[R_{j\delta}(K_\varepsilon f)](x) = \int R_{j\delta}(x-y).\,[\int f(z)K_\varepsilon(y-z)dz]dy = \int f(z)[\int R_{j\delta}(x-y)K_\varepsilon(y-z)dy]dz.$$

L'intervertion des intégrations est justifiée par le fait que la dernière intégrale écrite converge absolument: en effet $K_\varepsilon \in L^q$ et $R_{j\delta} \in L^{q'}$ où $\frac{1}{q} + \frac{1}{q'} = 1$; alors, d'après Hölder, $\int |R_{j\delta}(x-y)K_\varepsilon(y-z)|dy \leq M$, puis $f \in L^1$.

Posons $y = z + t$, il vient:

$$[R_{j\delta}(K_\varepsilon f)](x) = \int f(z)\ [\int R_{j\delta}(x-z-t)K_\varepsilon(t)dt]dz = \int f(z)[(R_{j\delta} * K_\varepsilon)(x-z)]dz.$$

Mais $K_\varepsilon \in L^q$ alors $R_{j\delta} * K_\varepsilon \xrightarrow[\delta\to 0]{(L^q)} R_j * K_\varepsilon$ d'après théorème 12.

Enfin $f \in L^1$ et $f*$ est alors continu de L^q dans L^q. Il en résulte que

$$[R_{j\delta}(K_\varepsilon f)] \xrightarrow[\delta\to 0]{(L^q)} (R_j * K_\varepsilon) * f = (R_j K_\varepsilon) * f.$$

<u>Lemme 12</u>: Soit $K(x) = \frac{\Omega(x')}{|x|^n}$ pair homogène de degré $(-n)$.

Supposons $\Omega \in L^q(\Sigma)$ $1 \leq q$, $\int_\Sigma \Omega(x')dx' = 0$.

Fixons j entier, $j \in [1,n]$.

Alors il existe un noyau $\tilde{K}$ impair, homogène de degré $(-n)$, tel que $R_j * K_\varepsilon \to \tilde{K}$ lorsque $\varepsilon \to 0$ et ce dans la métrique de L^∞, sur tout compact ne contenant pas l'origine.

<u>Preuve</u>: Pour presque tout x (et $\varepsilon < \eta$) on a:

$$[R_j * (K_\varepsilon - K_\eta)](x) = \int R_j(x-y)(K_\varepsilon - K_\eta)(y)dy = \int_{\varepsilon<|y|<\eta} R_j(x-y).K(y)dy.$$

Soit encore

$$[R_j * (K_\varepsilon - K_\eta)](x) = C\int_{\varepsilon<|y|<\eta} \frac{x_j - y_j}{|x-y|^{n+1}} K(y)dy$$

$$= C\int_{\varepsilon<|y|<\eta}\left[\frac{x_j-y_j}{|x-y|^{n+1}} - \frac{x_j}{|x|^{n+1}}\right] K(y)dy$$

car $\int_{\varepsilon<|y|<\eta} K(y)dy = 0$. Alors par application du théorème des accroissements finis à la fonction $x \rightsquigarrow \frac{x_j}{|x|^{n+1}}$, on obtient

$$\left|\frac{x_j-y_j}{|x-y|^{n+1}} - \frac{x_j}{|x|^{n+1}}\right| \leq \frac{(n+2)|y|}{|x-\Theta y|^{n+1}} \quad 0 < \Theta < 1.$$

Nous imposant maintenant $0 < \varepsilon < \eta < \frac{1}{2}|x|$, on obtient:

$$\left|\frac{x_j-y_j}{|x-y|^{n+1}} - \frac{x_j}{|x|^{n+1}}\right| \leq \frac{2^{n+1}(n+2)}{|x|^{n+1}} |y|.$$ On en déduit:

$$|[R_j * (K_\varepsilon - K_\eta)](x)| \leq \frac{A}{|x|^{n+1}} \int_{\varepsilon<|y|<\eta} |y||K(y)|dy = \frac{A}{|x|^{n+1}} \int_\varepsilon^\eta d\rho \int_\Sigma |\Omega\ (y')|d$$

Soit enfin $|[R_j * (K_\varepsilon - K_\eta)](x)| \leq \frac{A\|\Omega\|_1}{|x|^{n+1}}\ \eta$.

Ainsi $(R_j * K_\varepsilon)(x)$ satisfait une condition de Cauchy, par suite $R_j * K_\varepsilon$ tend, dans la métrique de L^∞ et en dehors de toute boule $|x| \leq \alpha$, vers une limite.

Soit $K^*(x) = \lim_{\varepsilon\to 0} (R_j * K_\varepsilon)(x)$. Comme $R_j * K_\varepsilon$ est impair, la fonction K^* le sera aussi presque partout, i.e. $K^*(-x) = -K^*(x)$ p.p.

Quitte à changer K^* sur un ensemble de mesure nulle, on peut supposer que $K^*(-x) = -K^*(x)$ partout.

D'autre part on a: $\forall x,\ \forall\lambda > 0\ (R_{j,\delta}K_\varepsilon)(\lambda x) = \lambda^{-n}(R_{j,\delta/\lambda}K_{\varepsilon/\lambda})(x)$.
Il en résulte que pour λ fixé > 0, on a $K^*(\lambda x) = \lambda^{-n}K^*(x)$ pour presque tout x.

Ici l'ensemble exceptionnel de valeurs de x dépend de λ. Mais K^* est mesurable, de sorte que l'égalité précédente reste valable presque partout en (λ, x) dans le produit $]0, +\infty[\times E_n$.

Soit Z l'ensemble négligeable des x tels que l'égalité n'ait pas lieu pour un ensemble de valeurs de λ de mesure strictement positive $Z = \{x;\ |\{\lambda;\ K(\lambda x) \neq \lambda^{-n}K^*(x)\}| > 0\}$. Soit Σ_ρ une sphère centrée à l'origine et de rayon ρ tel que $\Sigma_\rho \cap Z$ ait une mesure superficielle nulle (un tel ρ existe d'après le théorème de Fubini). Définissons alors $\hat{K}$ par:

$$\hat{K}(x) = \left(\frac{\rho}{|x|}\right)^n K^*\left(\frac{x}{|x|}\rho\right) \text{ si } x \neq 0 \text{ et } \frac{x}{|x|}\rho \notin Z \cap \Sigma_\rho$$

$$\hat{K}(x) = 0 \qquad \text{ailleurs.}$$

Il est immédiat que $\tilde{K}$ est mesurable, homogène de degré $(-n)$, impair. Montrons que $\tilde{K} = K^*$ presque partout. En effet soit $x \neq 0$ tel que $x_0 = \frac{x}{|x|}\rho \notin Z \cap \Sigma_\rho$. On exclut ainsi un ensemble de mesure nulle. Alors $\tilde{K}(\lambda x_0) = \lambda^{-n}\tilde{K}(x_0) = \lambda^{-n}K^*(x_0)$, mais $\lambda^{-n}K^*(x_0) = K^*(\lambda x_0)$ pour presque tout λ, comme $Z \cap \Sigma_\rho$ est de mesure superficielle nulle, il en résulte que $\tilde{K}(x) = K^*(x)$ presque partout.

<u>Lemme 13</u>: Le noyau $\tilde{K}$ défini au lemme 12 vérifie, pour $q > 1$

$$\int_\Sigma |\tilde{K}(x')|dx' \leq A_q\|\Omega\|_q.$$

De plus, si on pose $\Delta_\varepsilon = R_j K_\varepsilon - (\tilde{K})_\varepsilon$, on a:

$$\Delta_\varepsilon \in L^1, \quad \|\Delta_\varepsilon\|_1 \leq A'_q\|\Omega\|_q.$$

<u>Preuve</u>: Observons d'abord que $\int_\Sigma |\tilde{K}(x')|dx' = \frac{1}{\mathrm{Log}2}\int_{1\leq|x|\leq 2} |\tilde{K}(x)|dx.$

Il suffit de remarquer que K est homogène de degré $(-n)$ puis de passer en coordonnées polaires.

D'autre part, par un argument déjà utilisé dans la démonstration du lemme 12, (prendre $\eta = \frac{1}{2}$, et faire tendre ε vers zéro) pour $|x| \geq 1$

$$|R_j K_{\frac{1}{2}}(x) - \tilde{K}(x)| \leq \frac{A}{|x|^{n+1}}\|\Omega\|_1 \leq \frac{B_q}{|x|^{n+1}}\|\Omega\|_q \quad \text{car } \Sigma \text{ est compacte}$$

de sorte que $\int_{1\leq|x|\leq 2} |R_j K_{\frac{1}{2}}(x) - \tilde{K}(x)|dx \leq B'_q\|\Omega\|_q.$

Puis

$$\int_{1\leq|x|\leq 2} |R_j K_{\frac{1}{2}}(x)dx| \leq B\|R_j K_{\frac{1}{2}}\|_q \leq C_q\|K_{\frac{1}{2}}\|_q \leq C'_q\|\Omega\|_q$$

(la première inégalité est obtenu en utilisant Hölder, la deuxième est vraie car R_j est impair, la dernière s'obtient par passage en coordonnées polaires).

Alors il en résulte immédiatement $(|\tilde{K}(x)| \leq |R_j K_{\frac{1}{2}}(x) - \tilde{K}(x)| + |R_j K_{\frac{1}{2}}(x)|)$ que

$$\int_{1\leq|x|\leq 2} |\tilde{K}(x)|dx \leq A_q\|\Omega\|_q.$$

En ce qui concerne Δ_ε, on remarque d'abord que $\frac{1}{\varepsilon^n}\Delta_1(\frac{x}{\varepsilon}) = \Delta_\varepsilon(x)$ et par suite $\int|\Delta_\varepsilon(x)|dx = \int|\Delta_1(x)|dx$. Il suffit donc de prouver le résultat pour $\varepsilon = 1$

$$\|\Delta_1\|_1 = \int|R_jK_1(x)-(\tilde{K})_1(x)|dx \leq \int_{|x|\leq 2}|(R_jK_1)(x)|dx + \int_{1\leq|x|\leq 2}|\tilde{K}(x)|dx + \int_{|x|\geq 2}|\Delta_1(x)|dx$$

soit $\|\Delta_1\|_1 \leq I_1 + I_2 + I_3$.

Pour I_1, on a:

$$I_1 \leq A\|R_jK_1\|_q \leq A'_q\|K_1\|_q \leq A''_q\|\Omega\|_q$$

par un argument déjà employé.

Pour I_2, on a:

$$I_2 \leq \frac{1}{\text{Log}2}\int_\Sigma|\tilde{K}(x')|dx' \leq A_q\|\Omega\|_q.$$

Pour I_3, on a:

$$I_3 = \int_{|x|\geq 2}|\tilde{K}(x)|dx \leq \int_{|x|\geq 2}A|x|^{-n-1}\|\Omega\|_1dx \leq A_q\|\Omega\|_q.$$

Les constantes A_q sont évidemment différentes. En regroupant ces résultats on obtient de suite l'inégalité cherchée.

V.3 - Théorèmes

Rappelons alors le:

__Théorème 21__: Soit K pair, $K(x) = \frac{\Omega(x')}{|x|^n}$, $\int_\Sigma\Omega(x')dx' = 0$ et de plus $\Omega \in L^q(\Sigma)$, $q > 1$.

Posons $\tilde{f}_\varepsilon = f * K_\varepsilon$ où K_ε est le noyau tronqué

$$K_\varepsilon(x) = \begin{cases} K(x) & \text{si } |x|\geq\varepsilon \\ 0 & \text{sinon.}\end{cases}$$

Alors i) $\|\tilde{f}_\varepsilon\|_p \leq A_{p,q}\|\Omega\|_q\|f\|_p \quad 1 < p < \infty$

ii) il existe $\tilde{f} \in L^p$ t.q. $\|\tilde{f}_\varepsilon - \tilde{f}\|_p \to 0$ quand $\varepsilon \to 0$

iii) $\|\tilde{f}\|_p \leq A_{p,q}\|\Omega\|_q\|f\|_p$.

Preuve: Occupons nous de i), on a:

$$R_j \tilde{f}_\varepsilon = R_j(K_\varepsilon f) = (R_j K_\varepsilon) f = (\tilde{K})_\varepsilon f + \Delta_\varepsilon f$$

de sorte que $\| R_j \tilde{f}_\varepsilon \|_p \leq \| (\tilde{K})_\varepsilon f \|_p + \| \Delta_\varepsilon f \|_p$.

Mais $\tilde{K}$ est impair, donc:

$$\| (\tilde{K})_\varepsilon f \|_p \leq A_p \cdot \int_\Sigma |\tilde{K}(x')| dx' . \| f \|_p \leq A'_{p,q} \| \Omega \|_q \| f \|_p .$$

Puis en utilisant l'inégalité de Young:

$$\| \Delta_\varepsilon f \|_p \leq \| \Delta_\varepsilon \|_1 \| f \|_p \leq A_q \| \Omega \|_q \| f \|_p .$$

Enfin $\| K_\varepsilon f \|_p = \| \sum_{j=1}^n R_j^2 K_\varepsilon f \|_p \leq A_p \sum_{j=1}^n \| R_j (K_\varepsilon f) \|_p \leq A_{p,q} \| f \|_p \| \Omega \|_q$.

Passons au point ii). La démonstration est analogue à celle utilisée pour prouver le théorème de M. Riesz (théorème 10): décomposer f en une fonction g indéfiniment différentiable et à support compact et une fonction h de norme $\| h \|_p$ petite.

Alors $\tilde{g}_\varepsilon$ tend vers une limite, $\tilde{g}$, en tout point et de plus

$$|\tilde{g}_\varepsilon(x)| \leq \frac{N}{1+|x|^n} \quad \text{et} \quad \| \tilde{g}_\varepsilon - \tilde{g} \|_p \to 0.$$

Enfin le point iii) résulte immédiatement de i) et ii).

V.4 - Extensions

a) aux noyaux quelconques:

Théorème 22: Soient $K(x) = \frac{\Omega(x')}{|x|^n}$, $\Omega \in L^q(\Sigma)$ $q > 1$, $\int_\Sigma \Omega(x') dx' = 0$

et $f \in L^p$, $1 < p < \infty$.

Alors i) $\| \tilde{f}_\varepsilon \|_p \leq A_{p,q} \| f \|_p \| \Omega \|_q$

ii) $\exists \tilde{f} \in L^p$ t.q. $\lim_{\varepsilon \to 0} \| \tilde{f} - \tilde{f}_\varepsilon \|_p = 0$

iii) $\| \tilde{f} \|_p \leq A_{p,q} \| f \|_p \| \Omega \|_q$.

Preuve: il suffit de décomposer K en sa partie paire et sa partie impaire, puis d'appliquer chacun des théorèmes concernant ces cas particuliers.

b) aux noyaux "variables":

Pour terminer ce chapitre, nous allons énoncer un théorème concernant les noyaux dits "variables", sans en donner de démonstration.

Théorème 23: Soient $x \in E_n$, $z \in E_n$ et $K_x(z) = \dfrac{\Omega_x(z)}{|z|^n}$

avec $\int_{\Sigma} \Omega_x(z')dz' = 0$.

Considérons $\Omega_*(z') = \sup\limits_{x \in E_n} |\Omega_x(z')|$ et supposons $\Omega_* \in L^q(\Sigma)$

soit enfin q' le conjugué de q, $\frac{1}{q} + \frac{1}{q'} = 1$.

On pose $\tilde{f}_\varepsilon(x) = \int_{|y| \geq \varepsilon} f(x-y)K_x(y)dy$.

Alors si $f \in L^p$, $p > q'$, on a:

i) $\|\tilde{f}_\varepsilon\| \leq A_{p,q}\|f\|_p\|\Omega_*\|_q$

ii) $\exists \tilde{f} \in L^p$ t.q. $\|\tilde{f} - \tilde{f}_\varepsilon\|_p \to 0$ quand $\varepsilon \to 0$

iii) $\|\tilde{f}\|_p \leq A_{p,q}\|f\|_p\|\Omega_*\|_q$.

CHAPITRE VI - OPERATEURS SINGULIERS ET EQUATIONS AUX DERIVEES PARTIELLES

VI.1 - Algèbre des opérateurs singuliers généralisés

a) Jusqu'ici on n'a considéré que les opérateurs du type: $K : f \rightsquigarrow K * f$ où K est singulier; mais dans le cas général on est amené à étudier les opérateurs $K : f \rightsquigarrow \mu f + H * f$ où H est singulier et μ un nombre complexe. On dit alors que K est un opérateur singulier généralisé. On notera $\sigma K = \mu + \hat{H}$ le symbole de K, alors

$$\widehat{Kf} = (\mu + \hat{H})\hat{f} = \sigma K \cdot \hat{f} .$$

Considérons pour $n = 2$ H tel que $\hat{H} \in \mathcal{C}^2(\Sigma)$, $\hat{H} \neq 0$, $\hat{H}$ homogène de degré zéro, on a alors $\frac{1}{\hat{H}} \in \mathcal{C}^2(\Sigma)$ et $\frac{1}{\hat{H}}$ est homogène de degré zéro. Soit $\mu = \frac{1}{2\pi}\int_0^{2\pi} \frac{d\theta}{\hat{H}(e^{i\theta})}$. Considérons $\hat{G} = \frac{1}{\hat{H}} - \mu$; alors $\hat{G}$ est homogène de degré zéro, $\hat{G} \in \mathcal{C}^2(\Sigma)$ et $\frac{1}{2\pi}\int_0^{2\pi} \hat{G}\, d\theta = 0$; d'après le théorème 16 $\hat{G}$ est le symbole d'un opérateur singulier. Par suite si $\tilde{f} = Hf$ on a $f = \mu\tilde{f} + G\tilde{f}$; en effet:

$$\tilde{f} = Hf \Longrightarrow \hat{\tilde{f}} = \hat{H}\hat{f} \Longrightarrow \hat{f} = \frac{1}{\hat{H}}\hat{\tilde{f}} = (\mu + \hat{G})\hat{\tilde{f}} \Longrightarrow f = \mu\tilde{f} + G\tilde{f}.$$

b) Toujours pour $n = 2$. Soient H_1 et H_2 deux noyaux singuliers, $\hat{H}_i \in \mathcal{C}^2(\Sigma)$ pour $i = 1$ et 2 et considérons $H = H_1H_2$. On a:

$$Hf = H_1(H_2f) \Longrightarrow \widehat{Hf} = \hat{H}_1.\widehat{(H_2f)} = \hat{H}_1.\hat{H}_2.\hat{f} = (\mu + \hat{G})\hat{f} \quad \text{où} \quad \mu = \frac{1}{2\pi}\int_0^{2\pi}\hat{H}_1\hat{H}_2 d\theta.$$

Donc, en général, le produit de deux noyaux singuliers est un noyau singulier généralisé.

Plus généralement, soient $K_i = \mu_i + H_i$ $i = 1, 2$ alors

$$K_1K_2f = \mu f + Hf = K_2K_1\, f.$$

On a donc le résultat suivant:

Théorème 24: Les opérateurs singuliers généralisés forment une algèbre commutative; de plus si σK ne s'annule pas K est inversible dans l'algèbre.

c) Pour le cas où $n > 2$ les résultats précédents subsistent mais on ne connait pas les "meilleures" conditions à imposer aux noyaux. Cependant on peut donner le résultat suivant:

Théorème 25: Si H est homogène de degré $(-n)$, $H \in \mathcal{C}^\infty(E_n \setminus \{0\})$, $\int_\Sigma H(x')dx' = 0$ alors $\hat{H}$ est homogène de degré zéro, $\hat{H} \in \mathcal{C}^\infty(E_n \setminus \{0\})$ et $\int_\Sigma \hat{H}(u')du' = 0$.

Réciproquement si $L \in \mathcal{C}^\infty(E_n \setminus \{0\})$ est homogène de degré zéro avec $\int_\Sigma L(x')dx' = 0$ alors $L = \hat{H}$ où H satisfait les conditions du théorème.

VI.2 - Applications aux équations aux dérivées partielles

a) Notations et rappels

$\alpha = (\alpha_1, \alpha_2, \ldots, \alpha_n)$ avec $\alpha_j \in N$; $|\alpha| = \sum_{j=1}^n \alpha_j$ et $\alpha! = \alpha_1!\ \alpha_2! \ldots \alpha_n!$

pour $x \in E_n$ on note $x^\alpha = x_1^{\alpha_1} \cdot x_2^{\alpha_2} \ldots x_n^{\alpha_n}$ si $x = (x_1, x_2, \ldots, x_n)$.

$D^\alpha f$ désigne $\dfrac{\partial^{|\alpha|}}{\partial x_1^{\alpha_1} \partial x_2^{\alpha_2} \ldots \partial x_n^{\alpha_n}} f = (\frac{\partial}{\partial x})^\alpha f = (\frac{\partial}{\partial x_1})^{\alpha_1} \cdot (\frac{\partial}{\partial x_2})^{\alpha_2} \ldots (\frac{\partial}{\partial x_n})^{\alpha_n} f.$

A tout polynôme en n variables $P(x) = \sum_{|\alpha| \leq m} a_\alpha x^\alpha$ on associe le polynôme de dérivation: $P(D) = \sum_{|\alpha| \leq m} a_\alpha D^\alpha$.

Soit $f \in \mathcal{C}^\infty$ telle que $\forall \alpha \in N^n$ et $\forall k \in N$ on ait $(D^\alpha f)(x) = O(|x|^{-k})$ si $|x| \to \infty$ si l'on $\hat{f}(x) = (\mathcal{F}f)(x) = \int e^{-2\pi i(x.y)} f(y)dy$, alors $(\frac{\partial f}{\partial x_j})^\wedge(x) = 2\pi i\, x_j\, \hat{f}(x)$ donc $(P(D)f)^\wedge(x) = P(2\pi i x).\hat{f}(x)$

Par exemple si $P(x) = x_1^2 + x_2^2 + \ldots + x_n^2 = |x|^2$ on a $P(D)f = \Delta f$ et $(\Delta f)^\wedge(x) = -4\pi^2|x|^2.\hat{f}(x)$. Si φ est "arbitraire" on définit $\varphi(D)$ par $(\varphi(D)f)^\wedge = \varphi(2\pi i x).\hat{f}$. Alors si on prend $\varphi: x \leadsto |x|$ on peut définir $|D| = \Lambda$. On a ainsi $\widehat{\Lambda f} = 2\pi|x|\hat{f}$

puis $\widehat{\Lambda^m f} = (2\pi|x|)^m \hat{f}$ en particulier $\Lambda^2 = -\Delta$ et $\Lambda = (-\Delta)^{\frac{1}{2}}$.

De même

$$\left(\frac{\partial^\alpha}{\partial x^\alpha} f\right)^{\wedge} = (2\pi i x)^\alpha \hat{f} = \left(\frac{x}{|x|}\right)^\alpha . i^{|\alpha|} . (2\pi |x|)^{|\alpha|} \hat{f} = i^{|\alpha|} . \left(\frac{x}{|x|}\right)^\alpha . (\Lambda^{|\alpha|} f)^{\wedge}$$

mais comme $\left(\frac{x}{|x|}\right)^\alpha \in \mathcal{C}^\infty (E_n \setminus \{0\})$ et est homogène de degré zéro,

on a $\left(\frac{x}{|x|}\right)^\alpha = \sigma K_\alpha$ où K_α est un opérateur singulier généralisé

$$\text{donc} \quad \frac{\partial^\alpha}{\partial x^\alpha} f = i^{|\alpha|} K_\alpha \, \Lambda^{|\alpha|} f.$$

b) <u>Applications</u>

On se propose de trouver f telle que $P(D)f = g$ où g est donnée et P un polynôme homogène: $P(D) = \sum_{|\alpha|=m} a_\alpha D^\alpha$.

On a $P(D) = i^m K \Lambda^m$ où $K = \sum_{|\alpha|=m} a_\alpha K_\alpha$ est singulier généralisé et

$$\sigma K = \sum_{|\alpha|=m} a_\alpha \sigma K_\alpha = \frac{P(x)}{|x|^m}$$

c'est par définition le polynôme caractéristique de l'opérateur $P(D)$.

Supposons P à coefficients constants. Si $P(x) \neq 0 \ \forall x$ alors $P(D)$ est dit elliptique; m <u>doit être pair</u> et on a $\Lambda^m f = (-\Delta)^{m/2} f$.

L'équation aux dérivées partielles devient

$$K \, \Delta^k f = g \quad (k = m/2)$$

et comme $(P(x) \neq 0, \forall x) \Longrightarrow (K_{-1}$ existe$)$ on a $\Delta^k f = K_{-1} g = h$.

Supposons maintenant P à coefficients variables

$$P(D) = \sum_{|\alpha|=m} a_\alpha(x) D^\alpha.$$

On a $D^\alpha = i^m K \Lambda^m$ où K_α se met sous la forme $\mu_\alpha + H_\alpha$; alors

$$P(D)f = i^m \left[\sum_{|\alpha|=m} \{a_\alpha(x).\mu_\alpha + a_\alpha(x).H_\alpha\} \right] \Lambda^m f.$$

Désignons $\Lambda^m f$ par φ, il vient

$$P(D)f = A(x).\varphi(x) + \int K(x,x-y)\varphi(y)dy$$

$$\text{où} \quad K(x,z) = \sum_{|\alpha|=m} a_\alpha(x) H_\alpha(z).$$

CHAPITRE VII - QUELQUES PROBLEMES OUVERTS

VII.1 -

Soit Γ une courbe fermée simple rectifiable et soit $f(\zeta)$ une fonction intégrable définie sur Γ. On considère l'intégrale

$$\int_\Gamma \frac{f(\zeta)d\zeta}{z-\zeta}, \quad z\in\Gamma .$$

On peut la définir comme valeur principale:

$$\text{V.P.} \int_\Gamma \frac{f(\zeta)d\zeta}{z-\zeta} = \lim_{\varepsilon\to 0} \int_{\Gamma\setminus A_\varepsilon} ,$$

A_ε étant un ε- entourage de z, un arc de Γ; A_ε peut être l'arc de Γ centré en z et de longueur 2ε, mais A_ε peut aussi être la portion de Γ comprise dans un cercle centré en z et de rayon ε. En presque tout point z de Γ les deux considérations sont les mêmes.

Si Γ est un cercle ou une droite on se trouve dans une situation connue: si $f\varepsilon L$, la limite existe presque partout, et la transformation $f \rightsquigarrow \text{V.P.}\int$ préserve certaines classes.

Supposons $z\in I(\Gamma)$, $I(\Gamma)$ étant la région intérieure à la courbe.

La fonction

$$F(z) = \frac{1}{2\pi i}\int_\Gamma \frac{f(\zeta)d\zeta}{z-\zeta}$$

est alors analytique. En presque tout point ζ_0 de Γ l'existence de F équivant à l'existence d'une limite non tangentielle et on a

$$\text{pp.} \lim_{z\to\zeta_0} [2\pi\ i\ F(z)] = \text{V.P.} \int \frac{f(\zeta)d\zeta}{\zeta_0-\zeta} \quad \text{(Privalov)} .$$

Le problème de l'existence de F en presque tout point de Γ reste cependant ouvert. Ce problème général se reduit au cas où la tangente varie continûment ($\Gamma\epsilon\mathscr{C}'$) et f est continue. Il suffit donc de résoudre la problème dans ce cas spécial.

Si $\Gamma\in\mathscr{C}^{1+\varepsilon}$ (i.e. l'angle de la tangente satisfait à une condition de Lip.) le problème est résolu.

VII.2 - Intégrale ultrasingulière

Considérons d'abord le cas d'une seule variable. Par la différentiation formelle de l'intégrale $\int_{-\infty}^{+\infty} \frac{f(t)}{x-t}\, dt$ on obtient

$$\int_{-\infty}^{+\infty} \frac{f(t)}{(x-t)^{k+1}}\, dt .$$

Etudier l'existence et les propriétes de ces nouvelles intégrales. On dit que la fonction f possède dans le point x une différentielle d'ordre k (différentielle de Peano) si

$$f(x+t) = \sum_{j=0}^{k} \frac{a_j}{j!} t^j + o(t^k) = T_k(t) + o(t^k) .$$

Supposons que f possède la $(k-1)$-ième différentielle dans le point x. On pose par définition

$$I_k(f) = \int_{-\infty}^{+\infty} \frac{f(t)}{(x-t)^{k+1}}\, dt = \int_{-\infty}^{+\infty} \frac{f(x-t)}{t^{k+1}}\, dt = \text{V.P.} \int_{-\infty}^{+\infty} \frac{f(x-t)-T_{k-1}(-t)}{t^{k+1}}\, dt,$$

et on a le résultat suivant (Weiss et Zygmund, Fundamenta Math. 1960).

<u>Théorème</u>. $I_k(f)$ existe p.p. dans un ensemble E si et seulement si $F = \int^x f$ possède p.p. dans E une différentielle d'ordre $k+1$. En particulier, $I_k(f)$ existe p.p. dans E si f possède p.p. dans E une différentielle d'ordre k.

Dans le cas des fonctions f de n-variables $x_1, x_2, \ldots, x_n$ on dit que f possède dans le point x une différentielle d'ordre k s'il existe un polynome $T_k(y)$ de degré $\leq k$ tel que $f(x+y) = T_k(y) + o(|y|^k)$. Supposons que f possède dans le point une différentielle d'ordre $k-1$ et soit $K(t) = \frac{\Omega(t)}{|t|^{n+k}}$ ou Ω est homogène de degré 0. Faisons l'hypothèse que Ω soit orthogonale sur la sphère $|x| = 1$ à tous les monômes $x_1^{\alpha_1} x_2^{\alpha_2} \ldots x_n^{\alpha_n}$ de degré k et que $|\Omega| \log|\Omega|$ soit intégrable sur $x = 1$. L'intégrale ultrasingulière $I_k(f) = \int_{\mathbb{R}^n} f(x-t)K(t)dt$ est définie comme

$$\text{V.P.} \int_{\mathbb{R}^n} [f(x-t) - T_{k-1}(-t)]\, \frac{\Omega(t)}{|t|^{n+k}}\, dt$$

et on peut démontrer sans grandes difficultés le théorème suivant: si f possède en tout point d'un ensemble E une différentielle d'ordre k, alors $I_k(f)$ existe p.p. dans E.

C'est l'analogue de la seconde partie du théorème ci-dessus. En ce qui concerne la première partie la situation est plus délicate et on ne connait que des résultats partiels. Définissons l'intégrale indéfinie d'une fonction scalaire f comme le vecteur $(F_1, F_2, \ldots, F_n)$ où $F_j = R_j F$ et $F = \Lambda^{-1} f$, R_j désignant la transformée de Riesz et Λ^{-1} l'opérateur inverse à l'opérateur Λ introduit dans le Chapitre VI.2 (dans le cas $n = 1$ cette définition coincide avec la définition classique). On peut démontrer que si en tout point de E l'intégrale de f (c'est-à-dire chaque composante F_j) possède une différentielle d'ordre $k + 1$, alors $I_k(f)$ existe p.p. dans E. C'est l'inverse de ce théorème qui nous manque et les difficultés proviennent du fait que les méthodes de la variable complexe qui sont applicables dans le cas d'une seule variable ne sont pas extensibles au cas général.

Bibliographie

A. Monographies

1. - CALDERON, A.P. (en espagnol) "Integrales singulares", Universidad de Buenos Aires, 1960

2. - MIKLIN (en russe) "Intégrales singulières dans l'espace à plusieurs dimensions" 1961

3. - ZYGMUND, A. "On singular integrals", Rendiconti Matematica, Rome 1957

B.

1. - BESICOVITCH "Sur la nature des fonctions à carré sommable et des ensembles mesurables", Fundamenta Mathematicae, IV, 1924

2. - MARCINKIEWICZ "Sur la sommabilité forte des séries de Fourier", J. London Math. Soc., 14, 3, 1939, pp.162-168

3. - LOOMIS, L.H. "A note on the Hilbert transform", Bull. Amer. Math. Soc., 52, 1946, pp.1082-1086

4. - O'NEIL & WEISS "The Hilbert Transform and rearrangement of functions", Studia Math., XXIII, 2, 1963

5. - CALDERON & ZYGMUND "On the existence of certain singular integrals", Acta Math. 88, 1952, pp.85-139.

6. - CALDERON & ZYGMUND "On singular integrals", Amer. J. Math. 78, 1956, pp.289-309

Lecture Notes in Mathematics

Vol. 85: P. Cartier et D. Foata, Problèmes combinatoires de commutation et réarrangements. IV, 88 pages. 1969. DM 8,– / $ 2.20

Vol. 86: Category Theory, Homology Theory and their Applications I. Edited by P. Hilton. VI, 216 pages. 1969. DM 16,– / $ 4.40

Vol. 87: M. Tierney, Categorical Constructions in Stable Homotopy Theory. IV, 65 pages. 1969. DM 6,– / $ 1.70

Vol. 88: Séminaire de Probabilités III. IV, 229 pages. 1969. DM 18,– / $ 5.00

Vol. 89: Probability and Information Theory. Edited by M. Behara, K. Krickeberg and J. Wolfowitz. IV, 256 pages. 1969. DM 18,– / $ 5.00

Vol. 90: N. P. Bhatia and O. Hajek, Local Semi-Dynamical Systems. II, 157 pages. 1969. DM 14,– / $ 3.90

Vol. 91: N. N. Janenko, Die Zwischenschrittmethode zur Lösung mehrdimensionaler Probleme der mathematischen Physik. VIII, 194 Seiten. 1969. DM 16,80 / $ 4.70

Vol. 92: Category Theory, Homology Theory and their Applications II. Edited by P. Hilton. V, 308 pages. 1969. DM 20,– / $ 5.50

Vol. 93: K. R. Parthasarathy, Multipliers on Locally Compact Groups. III, 54 pages. 1969. DM 5,60 / $ 1.60

Vol. 94: M. Machover and J. Hirschfeld, Lectures on Non-Standard Analysis. VI, 79 pages. 1969. DM 6,– / $ 1.70

Vol. 95: A. S. Troelstra, Principles of Intuitionism. II, 111 pages. 1969. DM 10,– / $ 2.80

Vol. 96: H.-B. Brinkmann und D. Puppe, Abelsche und exakte Kategorien, Korrespondenzen. V, 141 Seiten. 1969. DM 10,– / $ 2.80

Vol. 97: S. O. Chase and M. E. Sweedler, Hopf Algebras and Galois theory. II, 133 pages. 1969. DM 10,– / $ 2.80

Vol. 98: M. Heins, Hardy Classes on Riemann Surfaces. III, 106 pages. 1969. DM 10,– / $ 2.80

Vol. 99: Category Theory, Homology Theory and their Applications III. Edited by P. Hilton. IV, 489 pages. 1969. DM 24,– / $ 6.60

Vol. 100: M. Artin and B. Mazur, Etale Homotopy. II, 196 Seiten. 1969. DM 12,– / $ 3.30

Vol. 101: G. P. Szegö et G. Treccani, Semigruppi di Trasformazioni Multivoche. VI, 177 pages. 1969. DM 14,– / $ 3.90

Vol. 102: F. Stummel, Rand- und Eigenwertaufgaben in Sobolewschen Räumen. VIII, 386 Seiten. 1969. DM 20,– / $ 5.50

Vol. 103: Lectures in Modern Analysis and Applications I. Edited by C. T. Taam. VII, 162 pages. 1969. DM 12,– / $ 3.30

Vol. 104: G. H. Pimbley, Jr., Eigenfunction Branches of Nonlinear Operators and their Bifurcations. II, 128 pages. 1969. DM 10,– / $ 2.80

Vol. 105: R. Larsen, The Multiplier Problem. VII, 284 pages. 1969. DM 18,– / $ 5.00

Vol. 106: Reports of the Midwest Category Seminar III. Edited by S. Mac Lane. III, 247 pages. 1969. DM 16,– / $ 4.40

Vol. 107: A. Peyerimhoff, Lectures on Summability. III, 111 pages. 1969. DM 8,– / $ 2.20

Vol. 108: Algebraic K-Theory and its Geometric Applications. Edited by R. M.F. Moss and C. B. Thomas. IV, 86 pages. 1969. DM 6,– / $ 1.70

Vol. 109: Conference on the Numerical Solution of Differential Equations. Edited by J. Ll. Morris. VI, 275 pages. 1969. DM 18,– / $ 5.00

Vol. 110: The Many Facets of Graph Theory. Edited by G. Chartrand and S. F. Kapoor. VIII, 290 pages. 1969. DM 18,– / $ 5.00

Vol. 111: K. H. Mayer, Relationen zwischen charakteristischen Zahlen. III, 99 Seiten. 1969. DM 8,– / $ 2.20

Vol. 112: Colloquium on Methods of Optimization. Edited by N. N. Moiseev. IV, 293 pages. 1970. DM 18,– / $ 5.00

Vol. 113: R. Wille, Kongruenzklassengeometrien. III, 99 Seiten. 1970. DM 8,– / $ 2.20

Vol. 114: H. Jacquet and R. P. Langlands, Automorphic Forms on GL (2). VII, 548 pages. 1970. DM 24,– / $ 6.60

Vol. 115: K. H. Roggenkamp and V. Huber-Dyson, Lattices over Orders I. XIX, 290 pages. 1970. DM 18,– / $ 5.00

Vol. 116: Sèminaire Pierre Lelong (Analyse) Année 1969. IV, 195 pages. 1970. DM 14,– / $ 3.90

Vol. 117: Y. Meyer, Nombres de Pisot, Nombres de Salem et Analyse Harmonique. 63 pages. 1970. DM 6.– / $ 1.70

Vol. 118: Proceedings of the 15th Scandinavian Congress, Oslo 1968. Edited by K. E. Aubert and W. Ljunggren. IV, 162 pages. 1970. DM 12,– / $ 3.30

Vol. 119: M. Raynaud, Faisceaux amples sur les schémas en groupes et les espaces homogènes. III, 219 pages. 1970. DM 14,– / $ 3.90

Vol. 120: D. Siefkes, Büchi's Monadic Second Order Successor Arithmetic. XII, 130 Seiten. 1970. DM 12,– / $ 3.30

Vol. 121: H. S. Bear, Lectures on Gleason Parts. III, 47 pages. 1970. DM 6,–/$ 1.70

Vol. 122: H. Zieschang, E. Vogt und H.-D. Coldewey, Flächen und ebene diskontinuierliche Gruppen. VIII, 203 Seiten. 1970. DM 16,– / $ 4.40

Vol. 123: A. V. Jategaonkar, Left Principal Ideal Rings. VI, 145 pages. 1970. DM 12,– / $ 3.30

Vol. 124: Séminare de Probabilités IV. Edited by P. A. Meyer. IV, 282 pages. 1970. DM 20,– / $ 5.50

Vol. 125: Symposium on Automatic Demonstration. V, 310 pages. 1970. DM 20,– / $ 5.50

Vol. 126: P. Schapira, Théorie des Hyperfonctions. XI, 157 pages. 1970. DM 14,– / $ 3.90

Vol. 127: I. Stewart, Lie Algebras. IV, 97 pages. 1970. DM 10,– / $ 2.80

Vol. 128: M. Takesaki, Tomita's Theory of Modular Hilbert Algebras and its Applications. II, 123 pages. 1970. DM 10,– / $ 2.80

Vol. 129: K. H. Hofmann, The Duality of Compact Semigroups and C*- Bigebras. XII, 142 pages. 1970. DM 14,– / $ 3.90

Vol. 130: F. Lorenz, Quadratische Formen über Körpern. II, 77 Seiten. 1970. DM 8,– / $ 2.20

Vol. 131: A Borel et al., Seminar on Algebraic Groups and Related Finite Groups. VII, 321 pages. 1970. DM 22,– / $ 6.10

Vol. 132: Symposium on Optimization. III, 348 pages. 1970. DM 22,– / $ 6.10

Vol. 133: F. Topsøe, Topology and Measure. XIV, 79 pages. 1970. DM 8,– / $ 2.20

Vol. 134: L. Smith, Lectures on the Eilenberg-Moore Spectral Sequence. VII, 142 pages. 1970. DM 14,– / $ 3.90

Vol. 135: W. Stoll, Value Distribution of Holomorphic Maps into Compact Complex Manifolds. II, 267 pages. 1970. DM 18,– / $ 5.00

Vol. 136: M. Karoubi et al., Séminaire Heidelberg-Saarbrücken-Strasbuorg sur la K-Théorie. IV, 264 pages. 1970. DM 18,– / $ 5.00

Vol. 137: Reports of the Midwest Category Seminar IV. Edited by S. MacLane. III, 139 pages. 1970. DM 12,– / $ 3.30

Vol. 138: D. Foata et M. Schützenberger, Théorie Géométrique des Polynômes Eulériens. V, 94 pages. 1970. DM 10,– / $ 2.80

Vol. 139: A. Badrikian, Séminaire sur les Fonctions Aléatoires Linéaires et les Mesures Cylindriques. VII, 221 pages. 1970. DM 18,– / $ 5.00

Vol. 140: Lectures in Modern Analysis and Applications II. Edited by C. T. Taam. VI, 119 pages. 1970. DM 10,– / $ 2.80

Vol. 141: G. Jameson, Ordered Linear Spaces. XV, 194 pages. 1970. DM 16,– / $ 4.40

Vol. 142: K. W. Roggenkamp, Lattices over Orders II. V, 388 pages. 1970. DM 22,– / $ 6.10

Vol. 143: K. W. Gruenberg, Cohomological Topics in Group Theory. XIV, 275 pages. 1970. DM 20,– / $ 5.50

Vol. 144: Seminar on Differential Equations and Dynamical Systems, II. Edited by J. A. Yorke. VIII, 268 pages. 1970. DM 20,– / $ 5.50

Vol. 145: E. J. Dubuc, Kan Extensions in Enriched Category Theory. XVI, 173 pages. 1970. DM 16,– / $ 4.40

Vol. 146: A. B. Altman and S. Kleiman, Introduction to Grothendieck Duality Theory. II, 192 pages. 1970. DM 18,– / $ 5.00

Vol. 147: D. E. Dobbs, Cech Cohomological Dimensions for Commutative Rings. VI, 176 pages. 1970. DM 16,– / $ 4.40

Vol. 148: R. Azencott, Espaces de Poisson des Groupes Localement Compacts. IX, 141 pages. 1970. DM 14,– / $ 3.90

Vol. 149: R. G. Swan and E. G. Evans, K-Theory of Finite Groups and Orders. IV, 237 pages. 1970. DM 20,– / $ 5.50

Vol. 150: Heyer, Dualität lokalkompakter Gruppen. XIII, 372 Seiten. 1970. DM 20,– / $ 5.50

Vol. 151: M. Demazure et A. Grothendieck, Schémas en Groupes I. (SGA 3). XV, 562 pages. 1970. DM 24,– / $ 6.60

Vol. 152: M. Demazure et A. Grothendieck, Schémas en Groupes II. (SGA 3). IX, 654 pages. 1970. DM 24,– / $ 6.60

Vol. 153: M. Demazure et A. Grothendieck, Schémas en Groupes III. (SGA 3). VIII, 529 pages. 1970. DM 24,– / $ 6.60

Vol. 154: A. Lascoux et M. Berger, Variétés Kähleriennes Compactes. VII, 83 pages. 1970. DM 8,– / $ 2.20

Lecture Notes in Mathematics – Lecture Notes in Physics

Vol. 155: Several Complex Variables I, Maryland 1970. Edited by J. Horváth. IV, 214 pages. 1970. DM 18,– / $ 5.00

Vol. 156: R. Hartshorne, Ample Subvarieties of Algebraic Varieties. XIV, 256 pages. 1970. DM 20,– / $ 5.50

Vol. 157: T. tom Dieck, K. H. Kamps und D. Puppe, Homotopietheorie. VI, 265 Seiten. 1970. DM 20,– / $ 5.50

Vol. 158: T. G. Ostrom, Finite Translation Planes. IV. 112 pages. 1970. DM 10,– / $ 2.80

Vol. 159: R. Ansorge und R. Hass. Konvergenz von Differenzenverfahren für lineare und nichtlineare Anfangswertaufgaben. VIII, 145 Seiten. 1970. DM 14,– / $ 3.90

Vol. 160: L. Sucheston, Constributions to Ergodic Theory and Probability. VII, 277 pages. 1970. DM 20,– / $ 5.50

Vol. 161: J. Stasheff, H-Spaces from a Homotopy Point of View. VI, 95 pages. 1970. DM 10,– / $ 2.80

Vol. 162: Harish-Chandra and van Dijk, Harmonic Analysis on Reductive p-adic Groups. IV, 125 pages. 1970. DM 12,– / $ 3.30

Vol. 163: P. Deligne, Equations Différentielles à Points Singuliers Reguliers. III, 133 pages. 1970. DM 12,– / $ 3.30

Vol. 164: J. P. Ferrier, Seminaire sur les Algebres Complètes. II, 69 pages. 1970. DM 8,– / $ 2.20

Vol. 165: J. M. Cohen, Stable Homotopy. V, 194 pages. 1970. DM 16,– / $ 4.40

Vol. 166: A. J. Silberger, PGL_2 over the p-adics: its Representations, Spherical Functions, and Fourier Analysis. VII, 202 pages. 1970. DM 18,– / $ 5.00

Vol. 167: Lavrentiev, Romanov and Vasiliev, Multidimensional Inverse Problems for Differential Equations. V, 59 pages. 1970. DM 10,– / $ 2.80

Vol. 168: F. P. Peterson, The Steenrod Algebra and its Applications: A conference to Celebrate N. E. Steenrod's Sixtieth Birthday. VII, 317 pages. 1970. DM 22,– / $ 6.10

Vol. 169: M. Raynaud, Anneaux Locaux Henséliens. V, 129 pages. 1970. DM 12,– / $ 3.30

Vol. 170: Lectures in Modern Analysis and Applications III. Edited by C. T. Taam. VI, 213 pages. 1970. DM 18,– / $ 5.00.

Vol. 171: Set-Valued Mappings, Selections and Topological Properties of 2^x. Edited by W. M. Fleischman. X, 110 pages. 1970. DM 12,– / $ 3.30

Vol. 172: Y.-T. Siu and G. Trautmann, Gap-Sheaves and Extension of Coherent Analytic Subsheaves. V, 172 pages. 1971. DM 16,– / $ 4.40

Vol. 173: J. N. Mordeson and B. Vinograde, Structure of Arbitrary Purely Inseparable Extension Fields. IV, 138 pages. 1970. DM 14,– / $ 3.90.

Vol. 174: B. Iversen, Linear Determinants with Applications to the Picard Scheme of a Family of Algebraic Curves. VI, 69 pages. 1970. DM 8,– / $ 2.20.

Vol. 175: M. Brelot, On Topologies and Boundaries in Potential Theory. VI, 176 pages. 1971. DM 18,– / $ 5.00

Vol. 176: H. Popp, Fundamentalgruppen algebraischer Mannigfaltigkeiten. IV, 154 Seiten. 1970. DM 16,– / $ 4.40

Vol. 177: J. Lambek, Torsion Theories, Additive Semantics and Rings of Quotients. VI, 94 pages. 1971. DM 12,– / $ 3.30

Vol. 178: Th. Bröcker und T. tom Dieck, Kobordismentheorie. XVI, 191 Seiten. 1970. DM 18,– / $ 5.00

Vol. 179: Seminaire Bourbaki – vol. 1968/69. Exposés 347-363. IV. 295 pages. 1971. DM 22,– / $ 6.10

Vol. 180: Séminaire Bourbaki – vol. 1969/70. Exposés 364-381. IV, 310 pages. 1971. DM 22,– / $ 6.10

Vol. 181: F. DeMeyer and E. Ingraham, Separable Algebras over Commutative Rings. V, 157 pages. 1971. DM 16.– / $ 4.40

Vol. 182: L. D. Baumert. Cyclic Difference Sets. VI, 166 pages. 1971. DM 16,– / $ 4.40

Vol. 183: Analytic Theory of Differential Equations. Edited by P. F. Hsieh and A. W. J. Stoddart. VI, 225 pages. 1971. DM 20,– / $ 5.50

Vol. 184: Symposium on Several Complex Variables, Park City, Utah, 1970. Edited by R. M. Brooks. V, 234 pages. 1971. DM 20,– / $ 5.50

Vol. 185: Several Complex Variables II, Maryland 1970. Edited by J. Horváth. III, 287 pages. 1971. DM 24,– / $ 6.60

Vol. 186: Recent Trends in Graph Theory. Edited by M. Capobianco/ J. B. Frechen/M. Krolik. VI, 219 pages. 1971. DM 18.– / $ 5.00

Vol. 187: H. S. Shapiro, Topics in Approximation Theory. VIII, 275 pages. 1971. DM 22,– / $ 6.10

Vol. 188: Symposium on Semantics of Algorithmic Languages. Edited by E. Engeler. VI, 372 pages. 1971. DM 26,– / $ 7.20

Vol. 189: A. Weil, Dirichlet Series and Automorphic Forms. V, 164 pages. 1971. DM 16,– / $ 4.40

Vol. 190: Martingales. A Report on a Meeting at Oberwolfach, May 17-23, 1970. Edited by H. Dinges. V, 75 pages. 1971. DM 12,– / $ 3.30

Vol. 191: Séminaire de Probabilités V. Edited by P. A. Meyer. IV, 372 pages. 1971. DM 26,– / $ 7.20

Vol. 192: Proceedings of Liverpool Singularities – Symposium I. Edited by C. T. C. Wall. V, 319 pages. 1971. DM 24,– / $ 6.60

Vol. 193: Symposium on the Theory of Numerical Analysis. Edited by J. Ll. Morris. VI, 152 pages. 1971. DM 16,– / $ 4.40

Vol. 194: M. Berger, P. Gauduchon et E. Mazet. Le Spectre d'une Variété Riemannienne. VII, 251 pages. 1971. DM 22,– / $ 6.10

Vol. 195: Reports of the Midwest Category Seminar V. Edited by J.W. Gray and S. Mac Lane. III, 255 pages. 1971. DM 22,– / $ 6.10

Vol. 196: H-spaces – Neuchâtel (Suisse)- Août 1970. Edited by F. Sigrist. V, 156 pages. 1971. DM 16,– / $ 4.40

Vol. 197: Manifolds – Amsterdam 1970. Edited by N. H. Kuiper. V, 231 pages. 1971. DM 20,– / $ 5.50

Vol. 198: M. Hervé, Analytic and Plurisubharmonic Functions in Finite and Infinite Dimensional Spaces. VI, 90 pages. 1971. DM 16.– / $ 4.40

Vol. 199: Ch. J. Mozzochi, On the Pointwise Convergence of Fourier Series. VII, 87 pages. 1971. DM 16,– / $ 4.40

Vol. 200: U. Neri, Singular Integrals. VII, 272 pages. 1971. DM 22,– / $ 6.10

Vol. 201: J. H. van Lint, Coding Theory. VII, 136 pages. 1971. DM 16,– / $ 4.40

Vol. 202: J. Benedetto, Harmonic Analysis on Totally Disconnected Sets. VIII, 261 pages. 1971. DM 22,– / $ 6.10

Vol. 203: D. Knutson, Algebraic Spaces. VI, 261 pages. 1971. DM 22,– / $ 6.10

Vol. 204: A. Zygmund, Intégrales Singulières. IV, 53 pages. 1971. DM 12,– / $ 3.30

Lecture Notes in Physics

Vol. 1: J. C. Erdmann, Wärmeleitung in Kristallen, theoretische Grundlagen und fortgeschrittene experimentelle Methoden. II, 283 Seiten. 1969. DM 20,– / $ 5.50

Vol. 2: K. Hepp, Théorie de la renormalisation. III, 215 pages. 1969. DM 18,– / $ 5.00

Vol. 3: A. Martin, Scattering Theory: Unitarity, Analytic and Crossing. IV, 125 pages. 1969. DM 14,– / $ 3.90

Vol. 4: G. Ludwig, Deutung des Begriffs physikalische Theorie und axiomatische Grundlegung der Hilbertraumstruktur der Quantenmechanik durch Hauptsätze des Messens. XI, 469 Seiten. 1970. DM 28,– / $ 7.70

Vol. 5: M. Schaaf, The Reduction of the Product of Two Irreducible Unitary Representations of the Proper Orthochronous Quantummechanical Poincaré Group. IV, 120 pages. 1970. DM 14,– / $ 3.90

Vol. 6: Group Representations in Mathematics and Physics. Edited by V. Bargmann. V, 340 pages. 1970. DM 24,– / $ 6.60

Vol. 7: R. Balescu, J. L. Lebowitz, I. Prigogine, P. Résibois, Z. W. Salsburg, Lectures in Statistical Physics. V, 181 pages. 1971. DM 18,– / $ 5.00

Vol. 8: Proceedings of the Second International Conference on Numerical Methods in Fluid Dynamics. Edited by M. Holt. IX, 462 pages. 1971. DM 28,– / $ 7.70